스파이 내전

스파이 내전 _ 서커스·광대·두더지

펴 낸 곳 투나미스
발 행 인 유지훈
지 은 이 장석광©
프로듀서 류효재 변지원
기　　획 이연승 최지은
마 케 팅 전희정 배윤주 고은경
초판발행 2024년 02월 15일
2쇄 발행 2024년 02월 29일
주　　소 수원시 권선구 서호동로14번길 17-11
대표전화 031-244-8480 | 팩스 031-244-8480
이 메 일 ouilove2@hanmail.net
홈페이지 www.tunamis.co.kr
I S B N 979-11-90847-98-8 (03390)

스파이 내전

서커스 · 광대 · 두더지

장석광 지음

투나
미스

5부 검사와 외교관 그리고 스파이

1부 스파이 월드

초일류 정보기관이 되는 길, 모사드와의 에피소드

오래 전 같이 근무했던 친구들 몇 명과 송년회를 가졌다. 자식들 혼사 걱정, 건강 비결만 늘어놓던 친구들이 술이 한 잔 두 잔 들어 가면서 어느새 과거의 수사관으로, 공작관으로, 분석관으로 돌아 갔다. 간첩단 사건으로 시작된 논쟁은 돌고 돌아 8,000킬로미터나 떨어진 하마스의 이스라엘 침공에까지 이르렀다. 정보의 실패냐? 침 공의 유도냐? 당연히 결론이 날 리 없다. 술자리가 시들해질 무렵, '스파이 세계'를 연재하는 필자를 위해 친구들은 모사드와의 에피 소드를 한두 개씩 풀어 놓았다.

모사드와 합동회의를 할 때였다. 한 몸처럼 의견을 전개하는 한국 팀에 비해 모사드는 시끄러웠다. 오합지졸이 따로 없어 보였다. 50대 팀장과 30대 팀원들의 의견이 달랐고, 선임과 후임이 충돌했다. 과감하다고 봐야 할지 무모하다고 봐야할지! 자유롭다고 봐야 할지 무례하다고 봐야 할지! '저러다 괘씸죄라도 걸리지!' 한국 팀은 모두 좌불안석이었지만 모사드는 누구 한 사람, 불편하거나 기분 나쁜 내색을 보이지 않았다. 마침내 목표의 강점과 약점이 모두 제시되었다. 상상할 수 있는 모든 리스크도 함께 제기되었다. 예측할 수 있는 모사드의 모든 대응 방안이 논의되기 시작했다.

유교사회 수직문화에 익숙해 있던 한국 요원들에게 모사드 팀장의 마무리 멘트는 신선한 충격이었다. "아홉 명이 똑같은 결론에 도달했다면, 아홉 명의 생각에 동의하지 않는 것이 열 번째 사람의 의무입니다. 누구의 생각이 더 이스라엘을 위한 것인지, 누구의 계획이 한 명의 유대인이라도 더 살려낼 것인지 그것이 제일 우선입니다." 모사드의 정보 실패를 인정하지 않던 친구는 수십 년이 지난 지금도 모사드 팀장의 그 멘트만 생각하면 가슴이 벅차오른다고 했다.

모사드는 팀원들의 역할분담도 철저했다. 계급이 높다고, 선임이라고 형식적으로 이름만 올려놓는 경우는 없었다. 감시활동을 할 때는 보고서 작성 외에도 운전과 역감시는 언제나 나이 많은 팀장의 몫이었다. 한국의 젊은 정보요원이 밤늦도록 간식을 만들고 있는 모사드 팀장에게 물었다.

"이런 일은 젊은 부하들에게 맡겨야지 왜 팀장님이 직접 하십니까?"

팀장은 고개도 돌리지 않은 채 대수롭지 않은 듯 말했다.

"저 젊은 친구는 내일 아침 일찍 일어나 더 중요한 일을 해야 되기 때문에 빨리 재워야 합니다. 나는 나이가 많아 밤에 잠이 없습니다. 조금 늦게까지 있어도 상관없습니다."

모사드의 부서장은 반드시 현장 경력이 있어야 했고, 인사·예산·조직·감사·감찰·비서 직렬은 승진이 제한되어 있었다. 누가 더 오지에서 근무했느냐? 누가 더 험지에서 근무했느냐? 누가 더 이스라엘의 국익을 확보했느냐? 누가 더 유대인을 많이 살렸느냐? 모사드의 승진 원칙은 현장과 실적에 있었다. 고향이 어디고 어느 학교를 졸업했는지는 인사 파일의 제일 마지막에 있었다. 모사드 요원들은 오지와 험지를 자청(自請)했고, 적과 싸우는 것을 두려워하지 않았다. 모사드는 목숨 걸고 활동하는 현장 요원들이 존경받고 승진하는 기관이었다.

"어제 저녁에 반가웠다"는 인사글들이 단톡에 올라오기 시작했다. 참석을 못했던 친구 A도 소식을 전해왔다.

"요즘 색소폰을 배우고 있는데 일모도원(日募途遠)이야."

그러자 친구 B가 바로 댓글을 달았다.

"오자가 난 것 같은데 '모'자에 힘력(力)이 아닌 날일(日) 아닌가?"

단톡방에 순간 정적이 흘렀다. 싸해진 분위기를 눈치 챈 B가 재빨리 반전을 꾀했다.

"아직도 오자나 찾아내는 이 찌질함 ….""
친구 C가 B에게 슬쩍 힘을 보탠다.

"나도 그래 (웃음) 무심히 길을 가다가도 간판의 오탈자는 유독 눈에 띄더라."
친구 D의 마지막 한 마디.

"그거 직업병인데 …."

키신저는 소련의 스파이였나?

"폴란드에서 망명한 골레니에프스키(Goleniewski)라는 KGB 요원의 스파이 명단에 장관님이 들어있다고 하는데 어떻게 생각하세요?" 어떤 기자가 키신저 국무장관에게 돌직구를 날렸다. "골레니에프스키가 누군지 모르겠지만 소설 부문 퓰리처상을 주면 좋겠네요." 키신저는 눈도 한번 깜박이지 않고 태연하게 받아쳤다.

1961년 1월, 폴란드 정보부의 핵심인물로 KGB에서 활동하던 골레니에프스키 대령이 미국으로 망명해왔다. 5,000페이지가 넘는 비밀문서와 160개의 마이크로필름 기밀보고서, 800페이지 분량의 소련 정보보고서, 240명의 스파이 명단이 CIA에 넘겨졌다. 명단에는 독일 이민자 출신의 하버드대 교수도 한 명 있었다. 당시로선 무명에 가까웠던 '헨리 앨프리드 키신저(Henry Alfred Kissinger)'였다.

골레니에프스키 망명 후 1년이 채 되지 않은 그해 12월, 골리친(Golitsyn)이라는 이름의 KGB 소령 한 명이 핀란드를 거쳐 또 다시 미국으로 망명해왔다. 골리친도 서방 정보기관에 침투해 있는 소련 스파이들의 명단을 CIA에 폭로했다. 명단에는 영국 MI6에서 두더지로 암약하던 필비(Philby)도 있었고, 유럽에서 태어나 미국으로 귀화했으며 성(姓)이 알파벳 K로 시작한다는 인물도 있었다.

키신저가 국제적 지위나 명성을 얻기 시작한 것은 1970년대 초반이었다. 그러나 골레니에프스키와 골리친은 이미 10여 년 전인 1961년에 키신저를 소련의 스파이로 지목했다. 누구도 키신저가 미국 역사상 전무후무하게 국가안보 보좌관과 국무장관을 겸임하고, 노벨평화상을 수상할 것이라고는 예측하지 못하던 시절이었다. 1954년부터 1974년까지 20년간 CIA의 방첩을 책임졌던, CIA의 전설적 스파이 헌터 앵글턴(Angleton)은 이점을 예의 주시했다. 소련과의 한판 승부가 불가피하다고 판단하던 앵글턴에게 키신저의 외교정책은 지극히 의심스러웠다. 키신저는 국익이라는 명분으로 소련과는 데탕트를, 중국과는 관계 강화를 추구했다. 앵글턴은 키신저를 '객관적으로 소련 스파이(objectively, a Soviet agent)'라고 공개적으로 밝혔다.

그러나 CIA와 미국의 주류 정보사회는 키신저의 소련 스파이 의혹을 받아들이지 않았다. 키신저 본인이 스파이 의혹을 분명하게 부인하기 때문에 의혹을 뒷받침할만한, 확실하고도 구체적인 증거가 필요했다. 정치적 인물에 대한 의혹과 음모론은 세상에 흔히 있는 일로 치부했다. 정치적 경쟁이나 이념적 차이, 개인적 원한이나 불만, 잘못된 정보, CIA의 내부분열을 위한 KGB의 전략적 기만 가능성도 제시되었다.

골레니에프스키는 망명 이후 정신질환에 시달렸다. 자신이 러시아의 마지막 황제 니콜라이 2세의 아들 알렉세이 로마노프라고 주장하면서부터 어느 순간 정보의 역사에서 사라졌다. 골리친은 망명이후 소련의 정보활동에 대해 검증되지 않은 주장을 마구잡이로 쏟아냈다. 영국의 윌슨, 서독의 브란트, 스웨덴의 팔메, 캐나다의 피어슨 총리까지 소련 스파이로 몰아갔다. 정보 전문가들은 골리친을 '신뢰할 수 없는 음모가'로 평가절하했다. 앵글턴은 절친이었던 필비의 배신으로 이중스파이 트라우마에 시달렸다. 공산주의에 대한 편집증은 CIA 조직과 동맹국들의 균열까지 초래했다. 앵글턴이 강제 사직당한 이후 CIA에서 키신저에 대한 스파이 의혹은 더 이상 수면으로 부상하기 어렵게 되었다.

2023년 11월 29일, 한 시대를 풍미했던 외교의 전설이 100세를 일기로 역사에서 사라졌다. 세계적 애도기사의 물결 속에서 고인에 대한 소련 스파이 의혹도 역사에서 같이 사라져 갈 것인지, 다음 세대의 숙제로 이어질지 자못 궁금하다.

가짜 뉴스와 집단 히스테리, 파리의 빈대 소동

누군가 프랑스 마르세유 거리의 버려진 매트리스 사진 한 장을 SNS에 올렸다. 매트리스에는 '빈대'라는 쪽지가 붙어있다. 파리의 한 관광객도 "숙소에 빈대가 의심된다. 매트리스에서 빈대를 직접 확인하진 못했지만 빈대에게 여러 차례 물렸다"는 동영상을 올렸다. 동영상은 순식간에 330만의 조회수를 기록했다. 언론들은 파리 시내 곳곳에 버려진 매트리스 사진과 함께 빈대의 위험성을 선정적으로 보도하기 시작했다.

지하철과 기차, 선박에서 빈대가 출몰했다는 신고가 급증했다. 출퇴근길 풍경을 보면 자리에 앉지 않고 서서가는 파리 시민들이 많아졌다. 빈대에 의한 감염으로 7개 학교는 휴교령을 내렸다. 어떤 정치인은 빈대가 가득 찬 시험관을 의회에서 흔들어대며 대책을 촉구했다. 프랑스 정부는 '빈대퇴치위원회'를 조직했다. 교통부장관은 빈대 탐지견을 투입해서라도 빈대를 퇴치하겠다고 약속했다. 파리 부시장은 "누구도 빈대로부터 안전하지 못하다. 빈대는 어디에나 있을 수 있다"는 발언으로 오히려 빈대에 대한 공포를 부추겼다. 매일 수십 편의 항공기와 선박으로 연결된 알제리는 프랑스로부터 들어오는 비행기와 선박, 육상교통에 대해 소독과 역학 감시를 강화하겠다고 밝혔다. 빈대에 대한 패닉 상태가 국제적으로도 확산되기 시작했다.

2024년 7월 개최되는 파리 올림픽의 보건과 안전에 초비상이 걸렸다. 세계에서 가장 낭만적인 도시로 여겨지던 파리가 빈대가 우글거리는 더러운 이미지로 추락했다. 세계에서 가장 매력적인 도시인 파리의 브랜드 가치 하락은 관광수입 감소 등 경제적 손실로 직결되었다. 프랑스 정보기관은 러시아 정보기관이 가짜뉴스를 통해 빈대에 대한 공포를 촉발·확산시키고 있을 가능성을 제기했다.

친러 계통의 언론매체에서 '러시아산 화학물질의 수입금지 조치로 프랑스가 효과적인 살충제를 만들 수 없게 되어 빈대가 급증했다'는 기사가 발견되었다. '기생충 전문가들은 파리의 빈대 전염병이 우크라이나 난민의 유입과 관련이 있는 것으로 믿고 있다'는 기사도 추적되었다. 두 기사 모두 신뢰할 만한 언론매체 『몽테뉴』와 『리베라시옹』을 출처로 인용하면서, 인용매체의 웹사이트 스크린샷까지 증거로 제시했다. 『몽테뉴』와 『리베라시옹』이 '그런 내용의 기사를 작성한 사실이 없고 스크린샷도 조작되었다'고 밝혔을 때 가짜 뉴스는 이미 SNS와 여러 언어로 번역되어 유포되고 난 뒤였다. 가짜뉴스는 그렇게 계속해서 확대 재생산되었다.

러시아는 우크라이나 침공으로 2024년 파리 올림픽에 참가할 수 없게 되었다. 러시아 정보기관이 프랑스의 빈대 소동을 그냥 구경만 하고 있었다면 그것은 정보기관의 직무유기로 지적받을 만한 일이다. 러시아에 대한 경제제재 이후 프랑스의 빈대 개체수가 특별히 폭발적으로 증가했다는 과학적 증거는 없다. 빈대는 원래부터 파리에 존재해왔다. 그러나 러시아가 빈대에 대한 공포를 국내외로 확산시킴으로서 러시아가 얻은 정치적 실익은 그리 단순하지만은 않다. 러시아 제재에 대한 프랑스 대중의 지지를 약화시키는가 하면, 프랑스로 유입되는 우크라이나 난민들에 대한 불신을 조장했으니 말이다. 러시아 정보기관은 자기의 직무를 충실히 다한 셈이다.

프랑스로부터 9,000킬로미터나 떨어진 한국이 11월 13일부터 12월 8일까지 빈대에 대한 대대적 점검과 예방조치를 실시하고 있다.

가짜뉴스로 인한 집단 히스테리가 전 세계를 강타하고 있는 가운데 한국 언론으로 위장해 가짜뉴스를 유포해 오던 중국의 심리전 사이트들이 서울에서 대거 적발되었다. 지금은 하이브리드 전쟁 시대다. 현실은 항상 상상 그 이상이다. 어쩌면 김정은도 빈대를 가짜뉴스로 잘 포장해 무기화하고 있을지 모를 일이다.

하마스의 아들에서 이스라엘의 슈퍼 두더지가 된 녹색 왕자

'팔레스타인을 위험에 빠뜨리는 반인륜적 테러조직인 하마스는 이번 기회에 반드시 제거되어야 한다'는 주장으로 언론의 주목을 받고 있는 팔레스타인 사람이 있다. '녹색 왕자'라는 암호명으로 잘 알려진 '모삽 하산 유세프(Mosab Hassan Yousef)'가 바로 그 주인공이다.

모삽은 이스라엘의 국내 보안기관 신벳(Shin Bet)이 1997년부터 2007년까지 하마스에 침투시킨 '두더지'였다. 암호명에서 유추할 수 있듯 모삽은 평범한 공작원이 아니었다. 할아버지는 팔레스타인의 저명한 종교 지도자였고, 아버지는 하마스의 창설 멤버였다. 팔레스타인에서 모삽 집안은 거의 왕족에 가까웠다. 신벳은 모삽의 이런 혈통과 하마스의 깃발 색깔에 착안해 모삽에게 '녹색 왕자'라는 암호명을 부여했다.

신벳은 녹색 왕자의 제보로 수십 건의 자살폭탄 테러를 방지할 수 있었다. 하마스 사령관 '이브라임 하미드'와 '팔레스타인의 만델라' 마르완 바르쿠티를 체포할 수 있었고, 시몬 페레스 외무 장관의 암살 음모도 좌절시킬 수 있었다. 신벳이 "많은 사람들이 모삽에게 생명을 빚졌으나 정작 당사자들은 그 사실을 알지 못하고 있다"며 아쉬워할 정도였다. 녹색 왕자는 그렇게 신벳의 슈퍼 두더지가 되었다.

이스라엘과 협력하는 것을 인간이 할 수 있는 일 중 가장 최악으로 꼽는 팔레스타인 사회에서 무엇이 모삽을 이스라엘의 두더지로 만들었을까? 모삽의 아버지 세이크 하산 유세프(Sheikh Hassan Yousef)는 하마스의 극단세력과 연계된 활동으로 24년을 감옥에서 보냈다. 8남매의 장남인 모삽은 아버지로부터 "나는 알라를 위해 일하고 있어 이스라엘에 살해될 가능성이 높다. 내게 무슨 일이 생기면 네가 가족을 돌봐야 한다"는 말을 수없이 들어야 했다.

모삽은 이스라엘을 말살하고 팔레스타인 전역에 알라의 깃발이 나부끼길 진심으로 바랐다. 10살 때 이미 이스라엘 정착민에게 돌을 던져 체포되었고, 17살 땐 불법총기 소지로 수감되었다. 세이크의 장남 모삽은 신벳에겐 천재일우의 정보자산이었다. 신벳은 모삽에게 접근했고, 모삽은 신벳의 제의를 받아들였다. 수감생활 중 목격한 하마스의 위선적 행태와 무고한 생명의 희생을 막아야 한다는 휴머니즘이 이스라엘에 협력하는 대의(大義)로 작동했다. 그러나 모삽의 마음 한구석엔 아버지와 가족을 지켜야 한다는 개인적 동기도 복합적으로 잠재되어 있었다.

2008년 7월, 두더지 생활로 생명의 위협을 느낀 모삽이 미국으로 도피한 후 아버지에게 전화를 걸었다. "그동안 이스라엘을 위해 일을 했었고, 지금은 그간의 일을 책으로 쓰고 있어요. 아버지를 감옥에 가둔 건 제가 맞지만, 그건 아버지를 보호하기 위해서였다는 것을 알아주세요. 저 때문에 가족들이 곤란하게 되었으니 저를 파문시켜 주세요." 설마설마 했지만 세이크는 충격을 받지 않을 수 없었다. 그러나 당장 아들을 파문할 수도 없는 일이었다. 아들을 부정하는 순간 하마스가 아들에게 어떤 위해를 가할지도 모르기 때문이었다. 모삽의 미국 망명이 받아들여질 무렵인 2010년 3월, 모삽의 자서전 『하마스의 아들』이 출판되자 세이크는 아들과의 의절을 공개적으로 선언했다.

이스라엘 침공을 주도한 하마스의 지도자들이 이스라엘에 의해
속속 피살되는 가운데 10월 19일 세이크가 이스라엘 당국에 의해
가택연금을 당했다는 소식이 들려왔다. 하마스의 침공에 관여했다
는 혐의를 받고 있지만 적어도 이스라엘 군에 의해 암살될 염려는
없어 보인다. '세이크 하산 유세프'와 '모삽 하산 유세프'의 삶이 이
스라엘과 팔레스타인의 관계처럼 복잡하고 모순되지만 스파이 세계
에서도 역시 피는 물보다 진하다.

국정원에는 북의 두더지, 딥 커버가 없을까?

팔레스타인 무장단체 하마스가 이스라엘을 기습 공격했다. 전광석화 같은 하마스의 수천 발 로켓 공격에 이스라엘의 방공망이 속절없이 뚫렸다. 유대교의 안식일인 7일 새벽이었다. 1973년 중동전쟁 이후 팔레스타인 최대의 군사 작전이었지만 모사드는 전혀 낌새를 눈치채지 못했다. 정보의 실패였다. 언젠가 비슷한 경험을 한 듯도 했고 언젠가 비슷한 상황을 겪을지도 모른다는 불길한 예감도 들었다.

6일 오후 고려대에서 최덕근 영사 추념 세미나가 있었다. 뒤풀이에 참석한 어느 대학생이 필자에게 뜬금없는 기습 질문을 했다.

"국정원 요원 중에 이중스파이는 없나요?"

"학생은 있을 것 같아요? 없을 것 같아요?"

"영화나 소설을 보면 정보기관 내부에도 간첩이 많잖아요. 있을 것 같기도 하고 없을 것 같기도 하고 … 잘 모르겠어요."

"예전에 김일성이 '머리 좋고 똑똑한 학생들은 데모에 내몰지 말고 고시 준비도 시키고 중앙정보부나 경찰에 들어가도록 물심양면으로 적극 지원하라'는 지시를 내린 적은 있어요. 학생이 국정원에 들어가 내부 간첩을 한번 잡아 봐요."

어수선한 분위기 탓에 더 이상 대화는 이어지지 않았다.

6개의 정찰위성을 갖고 있는 모사드도 하마스의 기습공격 징후를 탐지하지 못했다. 정보의 수집은 첨단장비가 할 수 있지만 정보의 최종 판단은 사람이 해야 한다. 모든 정보자산은 결국 사람으로 회귀한다. 휴민트(HUMINT) 즉 인간정보다. 한편에서는 효용성이 가장 뛰어난 휴민트이지만, 또 한편에서는 가장 치명적인 방첩실패가 두더지(mole)와 딥 커버(deep cover)로 불리는 정보기관 침투 스파이들이다.

학생시절 케임브리지 대학에서 공산주의 조직을 이끌던 필비는

MI6 국장으로 물망에 올랐고, MI6 동독 스파이 조직을 이끌던 브레이크는 500명이 넘는 비밀요원의 신원을 KGB에 넘겼다. FBI 방첩요원 핸슨은 25년의 근무기간 중 22년을 두더지로 암약했고, CIA 소련 책임자 에임스의 반역으로 10여 명의 비밀요원이 소련에서 처형되고 말았다. 이외에도 독일 정보기관 BND의 방첩국 간부도, 모사드의 해외지국장도 두더지로 밝혀졌다. 중국의 일본 영사관 직원이 중국 정보기관의 미인계에 걸려 견디다 못해 자살한 사건도 있었다. 세상에 알려진 두더지는 빙산의 일각이다. 스파이 세계에서 두더지가 적발되는 것은 드문 일이 아니다.

시간을 다시 6일 저녁 뒤풀이로 되돌려보자.

"국정원 요원 중에 간첩은 없나요?"

"있을 것 같다. 다만 적발이 되지 않았을 뿐이라고 보는 게 상식에 맞을 것 같다."

그러면 여기서 드는 또 하나의 의문!

"60여 년 국정원 역사에서 국정원은 왜 한 명의 두더지도 적발하지 못했을까?"

대한민국에선 정권이 바뀔 때 마다 북한이 주적(主敵)이 되기도 하고 협력의 대상이 되기도 한다. 어느 정권 때는 간첩을 수사하다가 국정원장이 잘렸는데 어느 정권 때는 간첩 혐의를 받던 사람이 국정원장으로 오기도 했다. 수사권 폐지에 앞장섰던 간부는 영전을 하고 간첩을 수사했던 수사관은 적폐로 몰리기도 했다. 오늘의 양지가 내일의 음지가 되고 오늘의 음지가 내일의 양지가 될 수 있는 곳이 국정원이다. 언제부턴가 국정원에선 피아식별이 어렵다는 말이 돌고 있다. 누가 북한 정보기관의 두더지(mole)이고 누가 종북세력의 딥 커버(deep cover)인지 구분하기 어렵다고 한다.

정치의 부패는 정보기관을 무능하게 만들고 정보의 실패를 초래한다. 한 명의 스파이가 국가에 돌이킬 수 없는 재앙을 불러올 수 있는 것이 스파이들의 세계다. 이스라엘과 하마스의 무력충돌을 보면서 불길한 예감은 언제나 적중한다는 징크스가 이번에는 제발 비켜가기를 바란다.

동상으로 추앙되는 스파이들

가장 유명한 스파이는 있어도 가장 뛰어난 스파이는 없다. 사람들이 아는 스파이는 잡혔거나 도망친 스파이들이지만, 뛰어난 스파이는 결코 잡힌 적이 없어 그들을 아는 사람은 아무도 없다. 스파이 세계에선 가장 뛰어난 스파이가 아니라, 가장 유명한 스파이가 동상의 주인공이 될 수밖에 없다.

KGB 전신 체카(CHECA)의 창설자로, 러시아에서 가장 유명한 스파이 마스터 '제르진스키'의 동상이 지난 9월 11일 대외정보국(SVR) 청사 앞에서 개막식을 가졌다. 1991년 8월 소련이 무너지면서 철권통치, 공포정치의 상징으로 KGB 광장에서 동상이 철거된 지 32년 만의 부활이었다. 대외정보국의 '나리슈킨' 국장은 개막식에서 '머리는 차갑고, 마음은 따뜻하며, 손이 깨끗한 사람만이 정보요원이 될 수 있다'는 제르진스키의 말을 인용하며 선배를 추앙했다.

1973년 6월 6일 CIA 청사 앞에 동상 하나가 세워졌다. 1776년 9월 22일 스파이 활동을 하다 스물한 살 나이로 영국군에 처형된 네이선 헤일이 동상의 주인공이다. 언제부턴가 임지로 떠나는 CIA 요원들은 헤일의 발아래 76센트나 워싱턴의 얼굴이 새겨진 25센트 동전을 놓아두기 시작했다. 76센트는 헤일이 처형된 해, 25센트는 헤일이 워싱턴 장군 휘하에 복무했다는 사실을 의미한다. 헤일의 동상은 그렇게 CIA 스파이들의 수호신이 되어갔다.

세계 최고의 정보기관을 꼽으라면 우리나라 사람 열에 일곱 여덟은 이스라엘 모사드를 꼽는다. 어떤 사람은 모사드가 마음만 먹으면 북한 김정은도 암살할 수 있다고 믿는다. 1965년 5월 18일 새벽 시리아 다마스커스에서 수천 명 군중들이 지켜보는 가운데 한 스파이에 대한 교수형이 집행되었다. 처형 장면은 이스라엘에서도 그대로 생중계되었다. 6일 전쟁(The Six Day War)을 승리로 이끈 모사드 스파이 엘리 코헨이었다. 모사드 아카데미를 비롯한 이스라엘 전역에 엘리 코헨의 동상과 기념비가 세워졌다. 모사드는 엘리 코헨을 영웅으로 만들었고, 엘리 코헨의 전설은 모사드를 세계 최고 정보기관으로 만들었다.

'머리털과 온 몸의 털을 자르더니 찬물을 뿌렸다. 무거운 막대로 턱을 내리쳤다. 이빨 두 개가 그 자리에서 바로 빠졌다. 나는 그때부터 4859라는 숫자로만 불렸다.' 포로로 가장하여 아우슈비츠에 잠입했던 폴란드 비밀 저항군의 스파이 비톨드 필레츠키는 수용소의 참상을 기록해 외부에 알렸다. 필레츠키는 소련이 폴란드에서 벌인 잔학행위의 증거도 수집했다. 폴란드 공산당 정부는 필레츠키를 간첩으로 몰아 1948년 5월 25일 처형했다. 그리고 40여 년, 베를린 장벽이 무너지고 소련이 붕괴되면서 역사에서 사라졌던 스파이 필레츠키가 '폴란드의 쉰들러'로 돌아왔다. 바르샤바와 유럽의 구석구석에 필레츠키의 동상과 추모비가 세워졌다. 필레츠키는 폴란드의 영웅이 되었고, 유럽 의회는 필레츠키가 처형된 5월 25일을 세계영웅의 날로 지정했다.

'사나이가 태어나서 나라를 위해 죽는다! 그것은 여한이 없는 일이다.' 최덕근 영사 유품에서 발견된 글이다. 최 영사는 블라디보스톡에서 북한의 마약과 100달러 위조지폐를 추적하다 1996년 10월 1일 피살된 국정원 요원이다. 며칠 전 한 방송이 최 영사 피살 사건을 집중 보도했다. 한 시민단체는 10월 6일 고려대학교에서 최 영사 27주기 추념 학술 세미나를 개최했다. 시민들도, 학생들도 최 영사의 죽음에 관심을 갖기 시작했다. 60여 년 짧지 않은 국정원 역사에 스파이 동상 하나쯤 용인 못할 우리 국민이 아니다. 우리가 최 영사를 영웅으로 대접하면, 최 영사는 국정원을 CIA로, 모사드로 만들 것이다.

오펜하이머와 스파이

독일이 항복한 뒤 일본의 항복 문제와 전후 유럽의 재편 문제를 논의하기 위해 연합국 지도자들이 포츠담에 모였다. 회담 8일째인 1945년 7월 24일 저녁, 4~5미터 떨어진 곳에서 처칠이 스탈린을 주시하고 있는 가운데 트루먼이 통역도 없이 스탈린에게 다가갔다. 트루먼이 무심한 듯 지나가는 말투로 "특이한 파괴력을 가진 새로운 무기(new weapon of unusual destructive force)"를 가지고 있다고 말했다. 스탈린은 별로 관심을 보이지 않았다. 그저 웃는 얼굴로 "일본에 잘 활용하기(good use of it against the japanese)" 바란다고만 했다.

"새 폭탄에 대해 알려주셔서 정말 감사합니다. 내일 아침에 우리

전문가를 귀측 전문가들에게 보내겠습니다"라는 답변을 예상했던 트루먼과 처칠에게 스탈린의 반응은 의외였다. 다음날 아침에도 새 폭탄에 대한 언급은 없었다. 트루먼과 처칠은 스탈린의 무관심에 놀랐다. 미국과 영국은 스탈린이 원자폭탄의 위력을 제대로 알지 못하고 있다고 확신했다.

1949년 8월 29일 아침 7시, 카자흐스탄 세미팔라틴스크에서 소련 최초의 원폭실험이 실시되었다. 미국이 일본 나가사키에 떨어트린 원자폭탄과 비슷한 22KT급 위력이었다. 1945년 7월 16일 오전 5시 30분, 미국 뉴멕시코주 앨러모고도에서 세계 최초의 원폭 실험이 있은 지 불과 4년 만의 일이었다. 예상을 뒤집은 소련의 신속한 원폭 실험 뒤엔 스파이가 있었다. 1933년 영국으로 탈출한 독일의 이론 물리학자 푹스(Klaus Fuchs)였다.

코드명 '레스트(Rest)'로 활동한 소련 정보총국(GRU) 스파이 푹스는 영국의 원자폭탄 개발 프로젝트 '튜브 얼로이스(Tube Alloys)'와 미국의 원자폭탄 개발 프로그램인 '맨해튼 프로젝트'에 참여했던 인물이다. 1950년 1월, 푹스는 영국의 보안기관 MI5 조사에서 1942년부터 1949년까지 7년간 소련에 원자폭탄 개발 정보를 전달했다고 실토했다. 소련의 스파이가 푹스 한 사람일 리 없지만, 푹스 한 사례만 보더라도 스탈린은 적어도 1942년부터 영국과 미국의 원자폭탄 개발 정보를 거의 실시간대로 파악하고 있었던 셈이다.

그에 비해 트루먼은 루스벨트의 갑작스런 사망으로 대통령이 되고 나서야 비로소 맨해튼 프로젝트의 존재를 알게 되었다. 전쟁장관 스팀슨과 맨해튼 프로젝트 책임자 그로브스 장군이 신임 대통령 트루먼에게 업무보고를 한 시점이 1945년 4월 25일이니, 소련의 스탈린이 미국의 원자폭탄 개발 사실을 트루먼보다 최소 3년 이상 먼저 알고 있었던 것이다. 그러고 보니 희대의 독재자 스탈린도 포츠담에서 그다지 포커페이스는 되지 못했던 것 같다.

영화 「오펜하이머」는 오펜하이머로 시작해서 오펜하이머로 끝난다. 영화에서 공산주의는 당시의 시대상과 주인공의 인생관, 세계관, 국가관을 보여주기 위한 장치일 뿐이다. 스파이 영화는 더더욱 아니다. 당연히 영화 속 푹스 이야기도 원자폭탄 개발에 참여한 과학자 한 사람의 에피소드로 그친다. 영화에서 찾을 수 있었던 오펜하이머와 푹스의 유일한 대화는 이렇다. "언제부터 영국인이었어요(Since when are you British)?" "히틀러가 나를 가리켜 독일인이 아니라고 말했을 때부터요(Since Hitler told me I wasn't German)."

"원자 연구에 대한 지식은 어느 한 국가의 사유재산이 되어서는 안 되며, 인류 공동의 이익을 위해 전 세계가 공유해야 한다"는 푹스의 변명에, 맨해튼 프로젝트의 이론부서장을 맡았던 베테는 푹스를 '역사를 진정으로 바꾼 유일한 물리학자'라 화답했다. 시비분별이 어렵다. 이러니 헷갈리는 세상이다.

스파이의 철칙—모든 것을 부인하라!

'젓지 말고 흔들어서(Shaken not Stirred),' '난 여기 절대 없었어(I was never here),' '일급비밀(Top Secret),' '자백 유도제(Truth Serum),' '모든 것을 부인하라(Deny Everything),' '흔적을 남기지 마라(Leave No Evidence)' … 워싱턴 국제스파이박물관의 기념품에 새겨진 문구이다.

'젓지 말고 흔들어서'는 제임스 본드 영화의 상징적 대사 '보드카 마티니! 젓지 말고 흔들어서(Vodka martini! shaken not stirred)'에서 유래했다. '난 여기 절대 없었어'는 캐나다 보안정보국(CSIS) 요원이었던 키르쉬(Andrew Kirsh)의 회고록에서 나왔고 '자백 유도제'는 CIA가 오사마 빈라덴의 알카에다 조직을 추적하면서 용의자들의 묵비전략으로 조사가 벽에 부딪히자 약물 투여를 검토하면서 대중에게 널리

알려졌다. '흔적을 남기지 마라'와 '모든 것을 부인하라'는 전 세계 모든 스파이들의 행동철칙이다.

흔적을 남기지 않기로는 타의 추종을 불허하는 스파이가 있다. '마르쿠스 볼프(Markus Wolf)'다. 오죽했으면 '얼굴 없는 사나이'로 불렸을까! 독일이 통일되고 동구권이 붕괴됐을 때 미국의 시사주간지 『USA & 월드 리포트』가 냉전 당시 세계에서 가장 성공한 정보기관으로 동독의 해외정보국(HVA)을 꼽았다. 볼프는 1953년부터 1987년까지 34년간 HVA를 이끌면서 '스파이계의 대부'로 추앙받았다.

1981년 어느 날, 볼프가 60대 후반의 신사와 함께 HVA 정보학교를 찾았다. 교육생들이 일제히 자리에서 일어나 강당이 떠나갈 듯 박수를 보낸다. 영웅적 환영을 받는 신사는 영국에서 30년간 이중스파이로 활동하다 소련으로 망명한 '이중스파이계의 전설' 킴 필비(Kim Philby)였다. 이날 필비는 '모든 것을 부인하라(Deny Everything)'는 내용으로 특강을 했다.

"그들은 저의 감정을 동요시켜가며 자백을 강요했습니다. 그러나 저는 그들의 어떤 협박에도 결코 굴하지 않았습니다. 제가 오늘 마지막으로 여러분들께 드리고 싶은 말씀은 여러분들은 그 어떤 경우에도 절대 자백을 해서는 안 된다는 것입니다. 설사 그들이 당신이 자필로 쓴 어떤 문서를 당신 코앞에 들이민다 하더라도 일단은 날조라고 받아치십시오. 그런 다음 모든 것을 부인하십시오."

모든 것을 부인하는 데 킴 필비 못지않은 스파이가 있다. 미국의 소련 간첩 앨저 히스(Alger Hiss)다. 1950년 1월, 히스는 연방대법원으로부터 5년을 선고받았다. 법원은 처벌 시효가 끝난 간첩죄 대신 위증죄를 적용했다. 히스는 평생을 '미국판 드레퓌스'이자 '냉전의 순교자'를 자처했다. 1991년 소련이 해체되면서 KGB 간부들의 증언, 헝가리 비밀경찰의 기록, 코민테른의 비밀문서, 1995년 기밀해제된 국가안보국(NSA)의 감청자료 등에서 빼도 박도 못하는 증거들이 속속 공개되는 가운데서도 히스는 1996년 죽을 때까지 자신의 간첩 활동을 부인해왔다.

간첩 혐의로 구속·기소된 OOOO 간부 O명이 며칠 전 법원의 첫 공판에서 모두 혐의를 부인했다고 한다. 스파이 활동 준칙에 철저한 스파이다운 행동이다. 북한에서 내려온 OO건의 지령문과 여기서 올려보낸 OO건의 대북 보고문, 수차례에 걸쳐 해외에서 북한 공작원을 접선한 사실은 모두 수사기관이 날조한 것이다. 설사 나중에 대법원이 간첩죄로 유죄판결을 내린다 하더라도 그것은 잘못된 법 때문이지 결코 간첩 활동을 해서가 아니다. 죽는 순간까지도 부인해야 그게 진정한 스파이다.

국정원의 대북심리전 재개와 요원들의 명예회복

1983년 7월 친소 성향의 인도 신문 『애국자(Patriot)』에 「에이즈 인도를 덮칠 듯(미국 실험으로 생겨난 의문의 질병)」이라는 기사가 게재되었다. 익명의 제보로 처리된 기사는 메릴랜드주 포트 데트릭 미군 기지에서 에이즈(AIDS) 바이러스가 만들어져 유포되었다는 내용이었다. 기사는 소련과 소련의 동맹국, 관영 통신사 지국 및 과학자들을 통해 25개 언어로 200여건이 넘는 뉴스와 라디오 방송으로 전파되었다.

1991년 소련이 해체되자 예브게니 프리마코프 러시아 해외정보국장이 KGB가 1983년 7월부터 1987년 10월까지 감염공작(Operation Infection)을 전개했었다고 털어 놓았다. 동맹국들 사이에서 미국을 불신하게 만들어 고립시키고, 미군 기지가 있는 국가들에 긴장을 조

성시키려는 것이 공작의 목표였다고 말했다. KGB 공작원 출신으로 훗날 외무부 장관과 총리까지 지낸 인물의 증언이었다.

2021년 6월, 이번엔 '코로나19 바이러스'가 포트 데트릭에서 만들어지고 유출되었다는 주장이 제기되었다. 중국인 여론 커뮤니티를 이끌고 있던 위챗을 비롯해 전 세계 각종 SNS 네트워크, 인터넷 포털, 신문, 방송이 같은 내용의 캠페인을 동시다발로 전개하기 시작했다. 중국 외교관들도 캠페인에 적극 동참했다. 중국 관영 CCTV는 1시간 분량의 '포트 데트릭에 숨겨진 암흑사'라는 특별보도까지 방영했다.

스페인독감, 홍콩독감, 일본뇌염, 에볼라바이러스, 메르스 등 모든 유행병에는 발병지가 공식 명칭에 붙는 것이 국제보건계의 관례다. 병원균의 특성을 규명하고 알리기 위한 과학적 목적이다. 그런데 발병초기 '우한폐렴'이었던 유행병 명칭이 부지불식간에 '코로나19'로 변해 있었다. 그러자 사람들은 '코로나19'가 중국 우한에서 발병했었다는 것을 서서히 잊기 시작했다. 유행병의 원인을 다른 곳에서 찾기 시작했다. 용어 혼란전술이었다. '댓글 사건'이란 명칭으로 국가정보기관인 국정원을 마치 인터넷 댓글이나 다는 형편없는 조직으로 전락시킨 그 전술을 두고 하는 말이기도 하다.

그 '댓글 사건'으로 거의 궤멸 직전까지 갔었던 국정원의 대북 심리전이 재개하게 되었다. 통일부도 대북방송과 대북전단 살포의 법적 근거를 분석하고 있다. 국방부도 국군 사이버 작전사령부의 임무 재가동을 검토하고 있다. 지난 3월 북한이 대남 심리전 강화를 위해 노동당 산하에 인터넷 선전 조직을 신설하고, 강경파인 김영철을 통전부 고문으로 재기용한 것이 맞불을 놓게 된 배경이라는 후문이다.

손자병법의 손자는 "전쟁이란 거짓으로 속이는 술책이 기본이다"라고 말했다. 비군사적 수단으로 상대국의 여론을 자국에게 유리하게 조작하고 통제하는 전쟁이 심리전이다. 30여 년이 지난 지금도 서부 아프리카 일부 지역민들은 미국이 에이즈를 유포했다고 믿고 있다. 코로나 19의 기원을 두고는 여전히 진영 논리에 파묻혀 오리무중이다. 거짓말도 백 번 천 번 듣다 보면 참말처럼 들린다. 얼마전 넷플릭스에서 방영되었던 「내가 신이다」를 보고 나니 솔방울로 수류탄을 만들고 가랑잎으로 압록강을 건넜다는 말을 믿는 것도 그럴 수 있겠다는 생각이다. 우린 그런 세상에 살고 있다. 내년 총선을 앞두고 또 얼마나 많은 허위정보 캠페인들이 난무할지 걱정이다.

"우리가 북의 핵 도발에 대응할 방법은 그나마 심리전 하나 밖에 없다. 현직 때 회담에 참석해 보면 북한이 회담 때마다 요청하는 것이 대북방송 중단이었다. 우리 심리전이 그들에겐 그만큼 뼈아프다는 것을 반증하는 것이다."

댓글 사건, 아니 '국정원 대북 심리전 역량 무력화 사건'으로 옥고를 치렀던 K국장의 말이다. M, R, K … 심리전 선후배들의 명예가 회복되길 바란다.

행복한 배신자 '조지 블레이크'

2020년 12월 26일 54년을 러시아의 국민 영웅으로 살았던 한 스파이가 98세의 나이로 모스크바에서 사망했다. 죽음 이후 그 어떤 악행에 대한 처벌도, 그 어떤 선행에 대한 보상도 믿지 않았던 그였지만 대통령은 조화를 보냈고 정보기관 수장은 추도사를 읽었으며 언론은 일제히 그의 죽음을 보도했다.

1948년 서울 영국 공사관에 비밀 정보기관 MI6 요원 '조지 블레이크'가 부영사로 부임한다. 극동지역의 군사 동향 수집이 목표였던 블레이크는 6·25 전쟁 중 북한의 포로가 되고, KGB에 포섭된다. 1953년 4월 전쟁 영웅으로 귀환한 블레이크는 이중스파이 신분이 노출될 때까지 5000페이지에 달하는 비밀문서와 500명 이상의 서방 정보요원 명단을 KGB에 넘긴다. 1967년 1월 블레이크는 모스크바로 도피한다. 블레이크가 누설한 정보요원 중 40여 명이 처형되었다. 영국 정보기관 역사상 최악의 재난이었다.

'전설의 스파이,' '슈퍼 스파이,' '위대한 스파이,' '희대의 이중간첩,' '배신자,' '가장 악명 높은 스파이,' '행복한 배신자' 등이 모두 블레이크 한 사람을 지칭하는 표현이다. 한쪽에선 영웅으로 추앙받지만 다른 한쪽으로부턴 멸시를 받는 건 이중스파이의 피할 수 없는 숙명이다. 그런데 얼핏 이해 안 되는 표현 하나. 행복한 배신자(happy traitor)? 도대체 이게 무슨 뚱딴지 같은 말인가?

"배신하려면 먼저 소속이 필요하다. 그런데 나는 어디에도 소속된 적이 없었다." 블레이크는 자신이 단 한 번도 영국인이라고 느낀 적이 없으니 자신은 결코 배신자가 될 수 없다며 자신의 고결함을 변호했다. "미국의 폭격기들이 한국의 작은 마을에 무자비하게 폭격을 가했다. 힘없는 노인과 부녀자, 어린애들이 죽어 나가는 것을 보면서 내가 잘못된 편에 섰다는 것을 느꼈다." 블레이크는 이중스파이 활동의 정당성을 인류애로 포장했다. "서방측 정보요원의 명단을 KGB에 제공한 것은 그들의 정보수집을 방해하기 위한 것이었다. 내가 제공한 명단을 근거로 그들이 처형까지 되었다곤 생각하진 않는다. KGB는 나에게 그런 사실이 전혀 없다고 말했다. KGB가 나에게 거짓말을 할 이유가 없다." 블레이크는 자신의 죄책감을 교묘하게 차단했다.

블레이크는 모스크바 생활에 쉽게 적응했다. 케임브리지 5인 간첩단 중 모스크바로 도피한 필비처럼 우울증으로 알코올에 중독되지도 않았고, 향수병으로 마흔한 살 젊은 나이로 죽은 맥클린과도 달랐다. '모든 사람이 캐비어를 살 수 있는 곳이 공산주의의 발상지'라며 모스크바 첫날부터 샌드위치와 맥주를 즐겼다. 자신을 돌봐주던 물리학자 출신 아내와 재혼해서 아들을 낳았다. 블레이크는 사회주의의 긍정적인 면만 보고, 보고 싶은 면만 보았다.

"앞으로 수십 년이 지나면 세계는 공산주의 외에 다른 사회 모델이 있을 수 없다는 것을 알게 될 것이다." 블레이크는 소련 해체 이후에도 철 지난 공산주의 이데올로기를 붙들고 놓지 않았다. "인생을 돌이켜보면 모든 것이 논리적이고 자연스러워 보인다. 지금이 내 인생에서 가장 행복하고 평화로운 해이다." 블레이크는 90세 생일 인터뷰에서 자신을 '행복하고 운이 좋은 사람'으로 묘사했다.

젊어서 사회주의에 빠지지 않은 사람은 가슴이 없고, 나이가 들어서도 사회주의자인 사람은 머리가 없다고 했던가? '행복한 배신자' 조지 블레이크! 모자랄 정도로 순진하거나 뻔뻔할 정도로 오만하다. 그러나 여기 2023년 대한민국에 조지 블레이크를 능가하여 영악 무도한 사람들이 있다. 이데올로기를 생계의 방편으로, 출세의 수단으로 삼아 북쪽의 독재자에게 기생하는 무리들이 바로 그들이다.

인디아나 존스와 고고학자 스파이들

「인디아나 존스」 시리즈 다섯 번째 이야기 「운명의 다이얼」이 6월 28일 개봉되었다. 네 번째 이야기 「크리스탈 해골 왕국」에 이어 무려 15년 만의 후속작이다. '인디아나 존스를 연기할 수 있는 유일한 사람, 내가 사라지면 그도 사라진다.' 그러니 주인공은 이번에도 '해리슨 포드'가 맡았다. 여든 살 고령을 감안하면 '인디아나 존스'의 모험 이야기는 이번이 마지막이 될 것 같다.

채찍과 중절모, 끈 달린 가방, 가죽 재킷은 인디아나 존스에게 카리스마 넘치는 존재감을 부여했다. 1981년 「잃어버린 방주의 약탈자」 이후 인디아나 존스는 세계에서 가장 유명한 영화 캐릭터가 되었다. 그는 고고학자이자 역사학자요, 언어학자 겸 모험가에, 골동품 수집가였다. 그러나 그게 전부가 아니었다. 2008년 「크리스탈 해골 왕국」에서 "내가 OSS(CIA 전신)에서 활동할 때 그는 MI6 요원이었다. 우리는 유럽과 태평양에서 20~30개의 공작 임무를 수행했다"고 말하는 장면이 나온다. 그는 스파이로도 활동했던 것이다.

'인디아나 존스'가 영화 속 허구의 캐릭터임에는 분명하지만 일부 고고학자와 역사학자 및 언어학자들이 정보활동에 직간접으로 참여해 왔던 것은 사실로 확인되고 있다. 이 학자들은 스파이 활동에 필요한 기본적 역량을 잠재적으로 구비하고 있었다. 지역 문화와 관습의 전문가로 해당 지역 언어에 능숙했다. 작전 구역이나 정치적으로 민감한 지역의 출입이 비교적 용이했다. 외진 환경이나 어려운 여건에도 잘 적응했다. 역사적 맥락을 해석하고 고대 문자를 해독하는 학자들의 역량은 스파이 활동에도 통찰력을 줄 수 있었다.

'실바누스 몰리'는 하버드 대학에서 고고학을 전공하고 1907년부터 1948년 사망할 때까지 일생을 멕시코와 온두라스, 과테말라에서 마야 유적 발굴과 상형문자 해독에 헌신한 저명한 고고학자였다. 마야 문명에 대한 그의 열정과 업적은 그를 '고고학자와 탐험가의 전형적 모델'로 알려지게 했지만 그가 미국 해군정보국(ONI)의 비밀요원으로 활동했다는 사실을 아는 사람은 아직도 많지 않다. 1차 세계대전 중 '몰리'는 독일의 비밀 잠수함 기지를 찾기 위해 중앙아

메리카 해안선을 따라 2,000마일 이상을 여행하고, 10,000페이지가 넘는 보고서를 작성했다. 학술활동으로 위장한 여행이었지만, 보고서에는 미국의 국익에 반하는 다양한 문제점들이 예리하게 분석되어 있었다. '몰리'의 이러한 정보활동은 그가 죽은 후에야 밝혀졌으며, '인디아나 존스' 영화에 많은 영감을 준 것으로 알려지고 있다.

로드니 영은 프린스턴 대학을 졸업하고 1929년부터 그리스의 '고전연구학교'에서 고고학 발굴에 참여했다. 2차 세계대전이 발발하자 OSS 그리스 지부와 카이로 거점을 운영하면서 27건의 현장 임무를 수행했다. 전쟁 후엔 '인디아나 존스'처럼 고고학 탐험을 계속 해 나가면서 펜실베니아 대학 고고학 전임 교수가 되었다. 그를 아는 대부분의 친구들과 동료들은 아직까지도 그가 그리스 신화에 나오는 마이더스 왕이 살았던 왕궁을 발굴했고, 미국 고고학 연구소 회장을 역임한 유명한 고고학자로만 알고 있다.

국내의 유사 사례로는 1990년대 중반 적발된 북한 간첩 A가 있다. A는 중국어, 아랍어, 일어, 영어, 독어, 불어 구사가 가능했기 때문에 수년간 레바논과 튀니지, 파푸아뉴기니, 말레이시아, 필리핀 등을 전전하며 국적을 세탁했다. 한국 잠입 후에는 B대학 역사학과에서 C지역 문화 전문가로 활동하면서 저명인사들과 광범위한 친분관계를 유지했다. 결혼 8년차 부인조차도 A를 외국인 역사학자로만 알았다. 대한민국에도 영화로 만들면 대박 날 스파이 사건들이 많다.

20년 만에 풀려난 스파이 "나는 조직을 믿었다."

미국과 중국의 관계 개선으로 두 명의 CIA 요원이 중국 감옥에서 풀려났다. 1971년 12월 13일 44세의 펙토는 19년 14일 만에, 1973년 3월 11일 42세의 다우니는 20년 3개월 14일 만에 자유의 몸이 되었다. 건강을 유지할 수 있었던 비결을 "19년 동안 술과 여자, 담배를 멀리했기 때문"이라고 농담하던 펙토는 "CIA 요원이 맞느냐?"는 기자의 질문에는 "노 코멘트"로 답했다. 미국 역사상 최장기 전쟁포로였던 다우니는 자신의 임무와 체포 경위, 수감생활에 대해 생전에 어떤 인터뷰 요청이나 수기 발간에도 응하지 않았다.

1952년 12월 3일 한국에서 일본으로 향하는 상업용 비행기 한 대가 동해상에서 실종되었다. 미국은 실종 비행기에 육군성 소속 민간인 다우니(John Downey)와 펙토(Richard Fecteau)가 탑승했던 사실을 발표했다. 1년 뒤인 1953년 12월, 유가족에게 공식적으로 사망을 통보했다. 그런데 1954년 11월 23일 추수감사절을 즐기고 있는 유가족들에게 중국으로부터 뜻밖의 소식이 들려왔다. 2년 전 실종된 다우니와 펙토가 중국에 살아있다는 것이다. CIA 요원으로 스파이 활동을 하다 체포되어 종신형과 20년 형을 선고받고 중국에 수감 중이라고 했다.

1952년 11월 29일 저녁 9시 40분 서울 K16 공군기지에서 이륙한 C-47 수송기 한 대가 11월 30일 0시 15분 북한과 중국 국경 근처에서 중국군에 의해 격추되었다. 승무원 2명은 사망하고 승객으로 위장했던 CIA 요원 2명은 현장에서 체포되었다. 다우니와 펙토였다. CIA 중국인 공작원을 서울로 픽업하기 위해 만주로 날아갔다가 중국 당국의 역용공작에 걸려든 것이다.

미국과의 관계 개선을 노린 중국은 미국이 스파이 사실만 인정하면 이들의 석방을 논의할 뜻이 있음을 비쳤다. 그러나 미국의 외교기조는 중국 공산당과는 어떠한 협상도, 양보도 없다는 것이었다. 다우니와 펙토를 인정할 경우 한국 전쟁 중 생포된 미군 포로의 송환 협상에 악영향을 미칠 수 있다는 판단도 있었다. 물밑으론 물리적 구출 작전까지 검토한 CIA였지만 공식적으론 다우니와 펙토를 부인할 수밖에 없었다. 그렇게 20년 세월이 흘렀다.

다우니와 펙토는 발에 족쇄가 채워진 채 독방에 수감되었다. 사방이 회색 시멘트 벽돌로 둘러싸인 감방에는 15와트 전구만이 24시간 꺼지지 않고 있었다. 하루 30분 이상 잠도 재우지 않았다. 회색 벽 검은 점만 몇 시간씩 응시해야할 때도 있었다. 감각기능이 서서히 사라졌다. 벽이 움직이는 것처럼 느껴지고 시간의 흐름은 중단되었다. 조사관들은 "당신이 살아있다는 것을 아는 사람은 이 세상에 아무도 없다. 부국 정부는 당신에게 아무런 관심이 없다. 이제 가족들은 잊어야 한다"며 협박했다. 세상이 어떻게 돌아가는지, 자신의 운명이 앞으로 어떻게 될지 한치 앞도 예측할 수 없었다. 그들은 그렇게 세상으로부터 완전히 격리되었다.

다우니와 펙토는 이 같은 수감생활을 20일도 2년도 아닌, 20년을 어떻게 견뎌냈을까? 다우니 사후 8년, 2022년 8월 콜롬비아 대학이 출판한 『냉전시대에서 길을 잃다(Lost in the Cold War)』에서 다우니가 소개한 몇 가지 비법이다. 기대가 크면 실망도 크기 마련, 매사에 기대치를 낮춰 감정의 소모는 최대한 줄여 나간다. 비감한 생각에 빠져들지 않도록 하루 일과는 의도적으로 빡빡하게 만든다. 규칙적인 운동을 통해 맑은 정신을 유지한다. 그러나 가장 중요한 것

은 CIA와 미국 정부가 자신를 결코 버리지 않는다는 믿음과 언젠
가는 가족을 만날 것이라는 희망이었다. 조직의 책임과 조직원의 신
뢰가 오늘의 CIA를 만들었다.

지금은 성남으로 이전했지만 다우니와 펙토를 태운 C-47 수송
기가 이륙할 당시 K16 공군기지는 여의도에 있었다. 김구 선생 등
임정 요인 15명이 환국 때 탄 비행기도 C-47 수송기였고, 그때도 여
의도 공항이었다. 수송기와 K16 공군기지 그리고 정보요원! 다우니
와 펙토의 글을 쓰면서 필자는 묘한 동질감을 느꼈다.

1988년 4월 아니면 5월, 오후 7시에서 8시 사이의 성남 K16 공
군기지! 35년 전 일이라 기억이 가물가물하다. 공수훈련의 마지막 관
문인 야간낙하를 앞두고 C-123 수송기 앞에 KCIA 예비 정보요
원들이 모두 모였다. 이전 세 번의 낙하와는 달리 이번에는 군목(軍
牧)이 직접 나왔다.

"다 같이 기도 합시다. 하나님 아버지!
 어린 양들을 보호해 주시고 ….."

'이거 뭐 죽으러 가는 것도 아닌데 ….'

군목의 기도가 훈련생들의 마음에 평화와 용기를 주는 게 아니라 오히려 불안과 긴장감만 더했다. 'T-10 낙하산이 안 펴질 확률이 10만분의 1이라던데, 재수 없으면 내가 그 10만분의 1에 해당되진 않을까 … 다음 달이면 애가 나오는데 혹시 유복자를 만드는 건 아닐까 ….' 온갖 상상 가능한 불길함이 그 짧은 기도 시간에 머리를 스쳤다.

70여 년 전 다우니와 펙토가 K16 기지를 이륙할 때의 기분은 어땠을까? 전시(戰時)에 여차하면 후방침투를 해야 한다며 비싼 교육비 들여 공수훈련까지 마쳤는데 그후 낙하산을 타야하는 일은 생기지 않았다. 행운인지 불행인지! CIA의 22살 다우니와 24살 펙토 이야기를 쓰다가 KCIA 27살 필자의 기억이 불쑥 떠올랐다.

FBI 조직관리의 실패와 핸슨의 조작된 신화

미국 정보기관 역사상 최악의 재앙으로 불리던 로버트 핸슨 (Robert Hanssen)이 지난 6월 5일 수감 중이던 교도소에서 사망했다. 연초부터 진행 중인 간첩 수사의 여파인지 국내의 많은 언론들이 외신을 인용해 그의 죽음을 보도했다.

수천 건의 기밀을 넘기고 140만 달러 상당의 금품을 받았지만 정치적이거나 이념적인 동기는 없었다. 조국을 배반한 유일한 동기는 재정적 문제였다.

물가가 비싼 뉴욕에서 6명의 자녀를 사립학교에 보낸다는 것은 역부족일 수밖에 없었다.

FBI에서 잔뼈가 굵은 요원답게 그는 단 한 번도 러시아 요원과 직접 접선하지 않았다.

2001년 7월 자신에게 적용된 스파이 혐의 15건에 대해서는 시원스럽게 모두 유죄를 인정했다.

가족을 너무 사랑했기 때문에 조국을 배반할 수밖에 없었던 비련의 프로 스파이 핸슨의 신화는 사후에도 그렇게 쌓여가고 있었다.

수십 년 현장 경험으로 볼 때 뭔가 석연찮았다. 핸슨이 받은 140만 달러가 22년의 이중스파이 대가로 보기에 충분히 많은 금액인가? 이중 80만 달러는 찾기도 어려운 모스크바 은행에 예치되어 있었다면? FBI 재직 25년 중 22년을 이중간첩으로 암약한 핸슨의 배반 동기를 단순히 재정적 문제로만 돌리기엔 뭔가 2퍼센트 부족했다. 세계 최고 정보보안기관인 FBI의 조직관리에 '구멍'(Breach, 핸슨 사건을 소재로 2007년 개봉한 영화의 제목)이 뚫린 것을 핸슨의 신화로 메우려 했던 것은 아닐까?

시카고 경찰국 정보형사의 아들로 태어난 핸슨의 어린 시절 우상은 제임스 본드였다. 학창시절에는 '케임브리지 5인'으로 유명한 러시아의 이중스파이 킴 필비(Kim Philby) 관련 책을 탐독하며 이중스파이의 매력에 빠져들었다. 정치적 신념이라기보다는 이중스파이의 치밀함에 대한 순수한 로망이었다. 그러나 핸슨의 이러한 내적 욕망과는 달리 현실 속 핸슨은 스파이 활동과는 거리가 먼 인물이었다. FBI 동료들에게 핸슨은 말수가 적고 뻣뻣하며 사교성 없는 내향적 인물로 인식되고 있었다. 항상 몸에 잘 맞지 않은 어두운 색깔의 슈트를 입고 다녀 '장의사'라는 별명으로 통했다. 이러한 캐릭터는 핸슨을 현장요원이 아닌 예산, 정보 분석, 정보 관리 등 내근 부서로만 돌게 만들었다.

핸슨의 내적 욕망과 현실의 간극은 핸슨을 좌절시켰다. 자신을 알아주지 않는 조직에 소외감을 느꼈다. 제임스 본드가 되려고 왔는데 서류정리나 하고 있으려니 분노가 치밀어 올랐다. 핸슨의 좌절과 소외, 분노는 이중스파이 활동으로 출구를 찾았다. 핸슨의 러시아 스파이접선은 언제나 비밀 신호, 암호 편지, 황량한 공원을 이용했다. 22년의 이중스파이 활동에서 러시아 스파이와 직접 접선한 적은 단 한 차례도 없었다. 러시아 스파이들과의 연락서신은 마치 '연애편지'를 쓰듯 했다. 모두 19세기 스파이 소설에서나 나올 법한 환상적이고도 로맨틱한 스파이 수법이었다. 조직에 대한 핸슨의 치졸한 복수심과 이중스파이 활동에 대한 유치한 스릴감은 미국 정보기관에 역사상 최악의 재앙을 불러일으켰다.

"(나를 잡는 데) 왜 이렇게 오래 걸렸느냐?"

2001년 2월 동료 FBI 요원들에 의해 현장에서 체포되는 순간 핸슨의 첫 일성이었다. 놀라는 기색도 없이 오히려 비아냥거리는 말투였다.

"미국과 러시아를 멋대로 주무를 수 있다고 생각했을 겁니다. 아마 자기가 신이 된 기분이었을 거예요."

핸슨의 동료가 증언했다. 속된 말로 '어리버리한 게 당수 8단'이고 '개미에게 불알 물린 격'이었다. 퇴직한 지 수년이 지나도 상처받은 자존심에 아직도 이불킥을 하는 내곡동 요원들이 적지 않다. 내곡동에도 핸슨 같은 인물이 없다고 할 수 없다.

CIA 국장 협박한 간 큰 보이스피싱범

"저는 2차 세계대전과 한국전쟁에 참전했습니다. 저는 연방 판사였습니다. 저는 FBI 국장이었습니다. 저는 CIA 국장이었습니다. 그리고 저는 사기꾼의 대상이었습니다. 돈 · 우정 · 사랑 또는 로맨스를 빙자한 사기꾼의 약속에 넘어가지 마십시오. 그들은 당신의 돈을 노리는 범죄자일 뿐입니다. 당신은 성실하게 일했습니다. 당신은 열심히 저축했습니다. 범죄자들이 당신에게서 그것을 빼앗아가도록 내버려 두지 마십시오. 당신이나 당신이 사랑하는 사람이 노인 사기의 대상이 되었을 때는 바로 FBI로 연락하십시오. 저에게 일어날 수 있다면 당신에게도 일어날 수 있습니다."

2022년 5월, 미국 역사상 유일하게 FBI 국장과 CIA 국장을 모두 맡은, 98세의 윌리엄 웹스터가 노인사기를 경고하는 공익광고에 출연했다.

2014년 당시 90세였던 웹스터가 한통의 전화를 받았다.

"메가 밀리언(Mega Million) 대표 데이빗 몰간입니다. 축하합니다. 1,550만 달러와 벤츠 한 대를 받을 수 있는 경품에 당첨되셨습니다. 세금과 수수료로 5만 달러를 먼저 보내 주세요."

2005년경부터 시작된 자메이카 복권 사기였다. 자메이카에서 미국으로 걸려오는 이런 사기성 전화가 하루에도 수만 건이 넘었다. 미국의 은퇴 노인들이 주요 타깃이 되었다. 노인들은 전화 내용이 어떻든 그것을 믿고 싶었다. 자신이 여전히 돈을 벌고 있다는 사실을 주변에 알리고 싶었다. 하지만 세상에 공짜가 있을 턱이 있으랴. 노후 자금을 완전히 털린 노인이 자살하는 경우까지 발생했다.

돈을 보내지 않자 다음 날 다시 전화가 왔다.

"당신이 판사, 변호사, 해군 장교로 근무했었다는 것을 알고 있습니다. 나는 당신에 대해 모든 것을 다 알고 있으니 빨리 돈을 보내는 것이 좋을 겁니다."

자메이카 국적의 29세 토마스였다. 웹스터는 "지금 당장은 보낼 수 있는 돈이 없다"고 정중하게 거절했다.

한 달가량 뒤 토마스가 다시 전화를 걸어왔고 이번에는 웹스터의 처 린다가 받았다. 린다는 넌지시 남편이 FBI 국장이었다는 사실을 알렸지만 토마스에게 통하지 않았다.

"장난칠 생각하지 마. 지금 당신 집을 지켜보고 있는데, 어제 저녁에 당신이 집을 비운 것도 알고 있어. 이번에도 돈을 보내지 않는다면 당신 집에 불을 지르고 당신과 당신 남편 머리엔 총알을 박아주겠어. 이제 더 이상 전화도 하지 않을 거야. 이게 마지막 경고야. 명심해"라며 협박했다. 린다는 바로 FBI에 신고를 했다.

2017년 말, 친구를 만나기 위해 뉴욕을 찾았던 토마스가 공항에서 체포되었다. 토마스를 비롯하여 자메이카에 사는 친척들이 그동안 미국 노인 수십 명에게서 최소 30만 달러 이상을 사취한 것으로 드러났다. 토마스는 6년형을 선고 받았고, 복역을 마치면 자메이카로 추방될 예정이다. 토마스는 웹스터가 FBI와 CIA 국장이었다는 사실은 전혀 몰랐다고 말했다. 토마스는 세상에서 가장 무시무시한 기관의 보스를 협박한 세상에서 가장 간이 큰 남자가 되었다.

웹스터는 공익방송 출연 이유를 "자신과 배경이 같다손 치더라도 경험이 없는 노인들이 사기 전화를 받으면 얼마나 당황할지 충분히 공감했기 때문"이라고 밝혔다. 웹스터는 요즘도 가끔 사기 전화를 받고 있으며 자메이카 여행은 가급적 자제한다고 했다.

한국에서도 노인을 노린 사기 범죄가 최근 100퍼센트 이상 증가했다. 그러나 노인들은 자신의 인지력이 떨어져 사기를 당했다는 생각에 피해 사실을 주변에 알리지 못한다. 그러나 부끄러워 할 필요는 없다. 사기는 누구에게나 일어날 수 있는 일이다. 우리 전직 국정원장이나 경찰청장도 공익방송에 한번 출연해 보면 어떨까?

스파이들은 선거를 노린다

1990년대 초반, 남대문과 명동의 암달러 시장에서 한 번에 수만 달러씩을 환전하는 사람들이 있다는 첩보가 안기부에 제보되었다. 수출 실적도 전혀 없는 이들이 거액의 달러를 가지고 있다는 사실이 수상하다는 것이었다. 이들의 신원은 대공전과가 있는 A와 탈북자 B로 즉각 확인되었다. A와 B는 명목상 동업자 관계로서, B의 해외 출입이 최근 갑자기 빈번해졌다는 사실도 금방 확인되었다. 1992년 3월 국회의원 선거와 12월 대통령 선거를 앞두고 OO당에 침투했던 간첩단 사건의 단서가 포착되는 순간이었다.

A는 50년대 말 자진 월북하여 1년간 간첩교육을 받고 내려온 인물이었다. "남한에 장기 매복하여 합법·비합법으로 노동 대중 속

에 들어가 조직을 결성하라"는 지령을 받고 36년간 암약해오던 이른바 장기잠복 간첩이었다. A는 OO당을 남한 내 합법적 전위정당으로 구축하기 위해 1990년 3월부터 1991년 12월까지 세 차례에 걸쳐 210만 달러를 공작자금으로 받았다. 1992년 8월 체포될 당시, 이중 110만 달러는 OO당 국회의원 선거 자금 등으로 이미 사용된 상태였고, 나머지는 대통령 선거 자금 등으로 쓰기 위해 은닉해 두었다가 전량 압수되었다.

최근 제주도 간첩단 사건 등에서 "야권, 종교계, 사회단체 등이 파쇼 독재자, 검찰만능주의자 윤석열을 내년 국회의원 선거에서 반드시 심판해 쫓아내야 한다"는 지령이 확인되어 주목을 끌고 있다. 그런데 사실 이것은 어제 오늘의 일이 아니다. '주사핵심 의거 광범한 민주세력 포용, 새정당 건설추진에 헌신하는 동지의 로고(勞苦) 높이 평가함. 대선 시 모든 민주세력이 민주당 후보 밀어주며 민중 독자 후보론은 바람직하지 못함. 각종 악법철폐, 양심수석방, 비핵 군축, 련방제 등을 그것에 대한 지지카드로 리용할 것임. 대선 시 국민련합에 모든 세력 집결, 대렬의 통일 단결 할 것. 침체된 대중투쟁 활성화 시키도록 종용 바람.' 지금부터 30여 년 전인 1992년 6월 12일 A가 수신한 지령문이다.

다른 나라의 선거에 간여하는 것은 국제법 위반이며, 외교적 긴장이나 국가 간의 갈등을 야기할 수 있다. 합법적 국가전략의 도구로는 당연히 부적절하다. 그러나 스파이 세계는 다르다. 자국의 정책에 더 호의적인 정당이나, 자국의 무역이나 안보에 더 협력할 것 같은 후보를 지지하는 것은 동서고금에 인지상정이다. 스파이들이 자국의 전략적 이익을 증진시키기 위해 다른 나라의 선거 결과에 영향을 미치려 하는 것은 드문 일이 아니다. 어찌 보면 당연한 일인지도 모른다. 허위정보를 유포하거나 사보타주(sabotage)하는 것도 정보기관의 영역이고, 허위정보의 유포를 막고 사보타주를 차단하는 것도 정보기관의 책무다. 한 편으론 막고, 다른 한 편으론 찌른다.

냉전시절 KGB는 반공주의자인 공화당의 리처드 닉슨을 낙선시키기 위해 민주당의 '휴버트 험프리'에게 은밀하게 선거자금 지원을 제의했다. 소련을 '악의 제국(evil empire)'이라 표현했던 레이건 대통령 재선 때는 레이건이 할리우드 시절 'FBI 정보원'이었다는 점을 암시하는 문서를 위조했고, '레이건은 전쟁을 의미한다(Reagan Means War)'는 슬로건을 유포함으로써 미국의 반 레이건 정서를 자극했다.

국정원의 간첩 수사권이 2024년 1월 1일부터 폐지된다. 간첩신고가 들어와도 기본적인 신원 확인조차 할 수 없게 된다. 전과 조회·출입국 조회는 당연히 못한다. 동네 파출소보다 못한 신세가 된다. 해외에서의 증거수집 활동은 아예 꿈도 못 꾼다. 내년 4월 10일에 실시되는 국회의원 선거를 북한이 그냥 넘어갈 리 만무한데 걱정이 태산이다. 이제 믿을 곳은 경찰밖에 없는데 ….

소련 도청 위한 미국의 기만공작 '아이비 벨'

1962년 쿠바 미사일 위기 이후 10년이 흘렀지만 세계는 여전히 일촉즉발의 상태가 이어지고 있었다. 초강대국 두 나라는 서로를 겨냥한 수천 개의 핵탄두 탄도 미사일을 가지고 있었고, 그 미사일의 대부분은 바다 깊은 곳에서 은밀하게 배회하는 잠수함에 장착되어 있었다. 미국과 소련 모두에 핵무장 잠수함의 위치나 순찰 경로는 특급비밀이 아닐 수 없었다.

1970년대 초, 미국이 캄차카 반도 페트로파블롭스크의 소련 해군 기지와 블라디보스톡 함대 사령부를 연결하는 오호츠크해 해저 통신 케이블의 존재를 알게 되었다. CIA와 국가안보국(NSA)이 참여한 미국은 소련의 해저 통신 케이블 도청을 목표로 영국과 합동

공작을 벌였다. '아이비 벨(Ivy Bell)'이 코드명인 공작은 1971년부터 1981년까지 진행되었다.

그러나 미국 못지않은 스파이 강국인 소련이 미국과 영국의 공작 기도를 모를 리 없었다. 외국 선박의 오호츠크해 출입이 금지되었다. 해저에는 음파탐지 장치가 설치되었다. 통신 프로토콜이 변경되고 이중스파이를 통해 허위 정보도 유포되었다. 소련은 '아이비 벨' 공작을 자국 안보에 중대한 위협으로 간주하고, 통신 인프라를 보호하기 위해 특단의 조치를 취했다.

60만 평방마일 너비 수역에서 깊이가 최대 1만 천 피트인 해저를 따라 폭 5인치 이하의 전화 케이블을 찾는다는 것은 백사장에서 바늘 찾기였다. 미국과 영국의 공작은 첫 단계부터 난관에 봉착했다. 공작의 기술적 결함들이 다양한 언론 매체에 유출되기 시작했다. 정보수집 수단으로 인공위성과 무인항공기가 새롭게 거론되었다. 잠수함의 작전 횟수도 점점 줄어들기 시작했다. 작전 해역의 통제가 느슨해지자 소련의 감시선에서 미 해군의 도청장비 탐지가 가능해졌다. 미국과 영국이 '아이비 벨' 공작을 포기하는 것으로 보였다. 소련은 오호츠크해 해저 통신 케이블의 보안을 확신했고, 소련 장교들은 암호화도 하지 않은 채 통화했다.

모두 미국의 기만공작이었다. 소련이 미국에 속절없이 당한 것이다. 미국은 해저 케이블 도청을 통해 소련 해군의 배치·ICBM 미사일 시험·군사 훈련 등 막대한 양의 군사·외교 통신 정보를 해독할 수 있게 되었다. 특히 잠수함의 위치·활동·성능을 포함한 소련 잠수함의 이동에 대한 정보는 미국의 대소련 정책을 형성하는 데 핵심적인 역할을 했다. 미국은 도청을 통해 소련 해군의 역량과 의도를 보다 더 정확하게 이해할 수 있게 되었고, 이러한 이해는 결국 소련과의 군비 통제 협상에서 미국이 주도권을 잡는 데 결정적인 역할을 했다.

1981년, 도청장치가 부착되어 있는 해역에 소련의 항공기·전함·잠수함이 모여드는 사진이 첩보위성으로부터 전송되면서 10년간의 공작은 막을 내렸다. 1985년, 국가안보국(NSA) 분석관 펠튼(Pelton)이 5천 달러를 받고 소련에 정보를 누설한 사실이 확인되었다. 1998년부터 공작 기밀이 해제되기 시작했지만 '아이비 벨' 공작의 구체적 내용은 반세기가 지난 지금까지도 공개되지 않고 있다.

용산 대통령실에 대한 미국의 도·감청 의혹에 대해 여론이 분분하다. 스파이 세계에서 도청 정보가 조작되거나 누출되는 이유는 다양하다. 국가나 조직의 부정행위나 비윤리적 행위를 폭로하기 위해, 특정 사안이나 개인에 대한 여론을 형성하기 위해, 외교적 협상에서 지렛대를 확보하기 위해, 다른 국가나 조직에 특정한 메시지를 보내기 위해, 적대 국가들 간의 결속을 흔들기 위해 … '아이비 벨' 공작과 관련하여 아직도 많은 것이 베일에 싸여있다. 어쩌면 러시아(구소련)가 미국을 기만했을지도 모른다. 스파이 세계에서는 눈에 보이고 귀에 들리는 것만으로 속단해선 안 된다.

스파이가 조국과 조직을 배반하는 이유

인공지능(AI)에게 사람들이 조국을 배반하고 스파이 활동을 하는 이유를 물었다. 개인적 이득, 경제적 이득, 돈, 권력, 영향력, 승진, 더 좋은 직장, 이데올로기, 잘못된 신념, 강압, 협박, 자존감, 나르시시즘, 인정받고 싶은 욕구, 복수, 환멸 등의 키워드가 나왔다.

소련 스파이 레프첸코(Levchenko)가 1988년 출판한 『KGB에서의 나의 삶』과 미국 국방부의 1992년 연구 보고서, 「2차 세계대전이후 조국에 대항하여 스파이 활동을 한 미국인들」을 크게 벗어나지 못하는 내용들이었다. 막연하게나마 기대했던 인공지능의 통찰은 보이지 않았다. 살짝 실망스러웠다.

일본 특파원으로 위장했던 레프첸코는 1979년 미국으로 망명하면서 KGB에 포섭된 일본인 스파이 200명의 명단을 폭로했다. 레프첸코는 이들의 배신 동기를 돈(Money), 이데올로기(Ideology), 강압(Coercion), 자존감(Ego)으로 설명했다. 미국은 117명의 반역자들에 대한 실증적 연구를 통해 스파이들의 배반 심리를 보다 심층적으로 분석했다. 미국은 레프첸코의 '자존감'을 복수(Revenge)와 환심사기(Ingratiation) 및 스릴(Thrills)로 구체화시켰다.

레프첸코의 'MICE(돈, 이데올로기, 강압, 자존감)'라는 약어가 아직도 빈번히 인용되는 개념이긴 하지만 스파이의 배반 동기는 대략 여섯 개의 키워드로 설명될 수 있다. 첫째는 돈(Money)이다. 돈은 스파이가 배반하는 가장 주된 동기로서 대체로 탐욕적 동기에 해당한다. 스파이 활동을 시작할 땐 주요 동기가 아니었더라도, 활동이 장기화되면 주요 동기로 변질되는 경우가 많다. 둘째, 이데올로기(Ideology)다. 이데올로기는 냉전시대 스파이의 주된 배반 동기로서, 신념을 기반으로 하기 때문에 비교적 고차원의 동기로 간주된다. 냉전 이후 많이 줄어들었다곤 하지만 장기 활동 스파이 중에는 여전히 이데올로기를 위한 배반자들이 많다.

셋째, 강압(Coercion)이다. 강압은 배반의 동기가 자유의지가 아닌 강요에 의한 것이기 때문에, 상대 입장에서 볼 땐 가장 비효율적이고 신뢰할 수 없는 동기로 분류된다. 강압에 의한 스파이는 최소한의 범위에서만 협력하고 최대한 빨리 벗어나려는 것이 일반적이다. 넷째, 복수(Revenge)다. 국가나 조직에 대한 분노, 좌절, 환멸, 소외 등을 스파이 활동을 통해 복수하는 것이다. 스파이가 국가나 조직에 대해 느끼는 부당함이 사실일 수도 있고 아닐 수도 있지만, 스파이는 자신이 공정하고 정의롭다는 자기최면에 빠져있다. 다섯째, 환심 사기(Ingratiation)다. 환심 사기는 누군가를 돕거나 기쁘게 하려는 욕망에서 초래된 배반이다. 환심의 대상은 혈연관계나 애정관계, 이데올로기적 상하관계에 기초한 경우가 많으며, 맹목적이고 일방적이다. 마지막으로 스릴(Thrills)이다. 스릴은 비밀스런 스파이 활동에서 오는 우월감과 흥분감이 초래하는 배반이다. 여섯 가지 배반 동기 중 가장 자기중심적 동기로도 간주될 수 있지만, 낮은 자존감이 표현된 것으로도 볼 수 있다.

돈과 이데올로기, 강압, 복수, 환심사기 및 스릴이라는 여섯 개 키워드로 천태만상인 스파이의 배반 동기를 설명했다. 내 마음도 내가 모를 때가 많은데 … 과연 타당한 결론일까? 스파이의 배반 동기와 관련하여 학문적으로 유의미한 결론을 내리기 위해서는 상당한 양의 연구 표본이 필요하다. 그런데 국가 안보에 미치는 중대한 위협에도 스파이에 관한 연구 자료는 너무 적다. 연구자들이 스파이에게 접근하기가 지극히 어려운 까닭이다. 인공지능이 이를 어떻게 극복할지 두고 볼 일이다.

CIA와 KGB 스파이의 우정 그리고 로버트 드니로

「대부 2」, 「원스 어폰 어 타임 인 아메리카」, 「언터처블」, 「좋은 친구들」, 「카지노」, 「아이리쉬 맨」 …. 영화를 웬만큼 좋아하는 사람이라면 바로 한 인물이 떠오를 것이다. '능글맞은 미소 뒤에 숨겨진 살벌한 카리스마,' '때론 비열하게 때론 냉혹하게,' '갱스터 영화의 전설,' 로버트 드니로(Robert De Niro)를 두고 하는 말이다.

드니로가 60년대 초반의 CIA 이중스파이를 다룬 「굿 셰퍼드(The Good Shepherd)」 제작을 준비할 때였다. 드니로는 영화의 리얼리티를 높이기 위해 CIA와 KGB 전직 요원들로부터 많은 자문을 받았다. 영화 촬영을 앞둔 2005년 어느 날, KGB 요원 역할을 맡기로 했던 전직 KGB 요원 한명이 갑자기 사라졌다. 제나디 바실렌코(Gennadiy Vasilenko)였다. 러시아의 이중스파이로 활동했던 FBI 요원

한센(Robert Hanssen)의 정체가 드러나는 데 연루되었다는 혐의로 교도소에 수감되었던 것이다.

바실렌코를 드니로에게 소개해준 전직 CIA 요원 플랫(Jack Platt)은 난감했다. 바실렌코는 소련의 이중스파이로 활동했던 CIA의 에임스(Aldrich Ames)' 때문에 1988년에도 6개월간 혹독한 고문을 받고 급기야 KGB에서 파면까지 된 사실이 있기 때문이다. KGB는 바실렌코가 플랫과 친하다는 이유로 스파이 의혹이 있을 때마다 바실렌코를 의심했다.

플랫은 드니로에게 도움을 요청했다. 드니로는 바실렌코에게 크리스마스 카드를 보냈다. 카드에는 드니로와 바실렌코가 함께 찍은 사진이 동봉되었다. 강한 남자를 존경하는 교도소 경비원들과 수감자들은 드니로와 바실렌코의 우정에 쉽게 감동했다. 어느 범죄 단체의 두목은 '알카포네'와 '돈 끌레오네'의 친구, 바실렌코의 보호자를 자처했다. 교도소에서 바실렌코의 대우는 개선되었다.

2010년 7월, 오스트리아 비엔나 공항에서 스파이 교환이 있었다. 미국에서 체포된 10명의 러시아 요원과, 미국을 위해 스파이 활동을 하다 모스크바에 수감된 4명의 러시아 시민이 교환되었다. 바실렌코는 마침내 플랫과 함께 하게 되었다. 그러나 사실 바실렌코는 단 한 번도 조국을 배신한 적이 없었다. CIA 이중간첩 에임스가 소련으로 보낸 CIA 문건에도 "바실렌코는 포섭이 어렵다"고 적혀있었다. CIA 가 FBI 이중간첩 한센의 정체를 파악한 것도 바실렌코의 친구를 통 해서였지 바실렌코로부터 직접 들은 것은 아니었다.

바실렌코와 플랫은 1979년 워싱턴에서 처음 만났다. 바실렌코는 소련 외교관이었고, 플랫은 미국 국방부 직원이었다. 플랫이 카우보 이 모자에 부츠를 신고 우연을 가장했지만 농구장의 첫 만남부터 선수는 선수를 알아보았다. 서로를 자기편으로 포섭하기 위한 계 획된 만남이었지만 시간이 갈수록 서로는 서로에게 끌렸다. 전직 해 병이었던 플랫과 전직 배구선수였던 바실렌코는 운동을 좋아했고, 술을 좋아했고, 사격을 좋아했다. 커피모임은 사냥여행으로 바뀌었 고, 간단한 오찬은 가족 만찬으로 발전했다. KGB와 CIA라는 말 은 어느덧 금기어가 되었다. CIA와 KGB의 데스크는 그들의 행동 에 의혹의 눈길을 보내기 시작했다. 그러나 그들은 개의치 않았다. 만남은 만남으로 끝낼 뿐 데스크에 보고하지 않았다. 그들의 우정 은 그렇게 쌓여갔다.

버지니아에 정착한 바실렌코는 2017년 플랫이 80세로 사망할 때 까지 거의 모든 시간을 플랫과 함께 했다. 플랫의 카우보이 모자를 지금도 여전히 소중하게 보관하고 있는 82세 바실렌코의 마지막 소 망은 친구 옆에 묻히는 것이다. 속고 속이는 이중·삼중 스파이 세 계에서 40여 년간 이어져 온 남자들의 진짜 우정 이야기다.

북 스파이 마스터 이창선의 '김정일 축지법' 지령

'영화배우 최은희 납북사건'과 '독일교포 오길남 밀입북사건,' '조선노동당 중부지역당 사건,' '구국전위 사건,' '부여 무장공비 침투사건,' '김정일 처조카 이한영 암살사건,' '부부간첩 사건,' '민족민주혁명당 사건' 등, 1980~1990년대 크고 작은 간첩 사건에는 항상 빠지지 않는 이름이 있다. 이창선이라는 인물이다.

이창선은 80년대 중반부터 90년대 후반까지 북한 사회문화부장으로 있으면서 남한의 주사파 포섭에 큰 성과를 거두었다. 90년대 초반, 김일성이 "최근 4~5년간 거둔 공작성과가 과거 40여 년간 대남공작에서 거둔 성과보다 훨씬 크다"고 격찬했을 정도였다. 북한이 1995년을 '통일의 희년(禧年)'으로 선포했던 것도 이창선의 공작활동성과가 그 배경이 되었는지 모른다. 김일성 호위병 출신인 이창선은 김일성의 충복이면서 북한의 뛰어난 스파이 마스터였던 것이다. 이창선은 김정일을 호칭할 때 사용되는 '친애하는 지도자 동지' 문구를 만든 것으로도 유명한 김정일의 최측근이기도 했다.

1990년 10월, 주사파 A는 일주일간의 밀입북 활동을 마치고 순안 비행장에서 서울 귀환을 준비 중이었다. 이창선이 주변 사람들을 모두 물리치고 A를 은밀하게 찾았다.

"A선생! 서울에 내려가면 남한사회에 한 가지 소문을 퍼뜨려 보시오."
"무슨 소문 말입니까?"
"친애하는 지도자 김정일 동지께서 축지법을 써서 남조선을 다녀오셨다고 말이오."
" … ?"
"남한 전역이거나 대학 사회에 김정일 동지께서 축지법을 써서 남조선 인민들을 위로하시는 등 신출귀몰하여 남조선 인민들이 김정일 동지를 열렬히 흠모하고 있다는 내용의 소문을 만들어 퍼뜨려 보시오, 이것은 일체 비밀이오. 부부장이나 그 누구에게도 발설하지 말고 A선생만 알고서 결행하시오."
"알겠습니다. 접수하겠습니다."

A는 일단 대답은 했지만 어안이 벙벙했고, 되물을 시간도 없었다. 남한으로 돌아온 A는 머리가 지끈거렸다. 도무지 이창선의 의도를 짐작할 수 없었다. 지하당 조직보다 훨씬 어려운 문제였다. 그대로 하자니 황당하고, 이창선의 지령인지라 묵살할 수도 없었다. 어떤 식으로든 이행했다는 표시는 해야 했기에, 명문대 출신 조직원들을 모아 몇 달을 끙끙거렸다.

이듬해 12월, 강원도 대전 충남 지역에 「특보」라는 제목의 유인물이 살포되었다. '11월 중순부터 경향 각지에는 놀라운 소식이 퍼지고 있다. 이북의 김정일 선생께서 지난 11월 12일 미국과 이남 당국의 허를 찌르고 김포공항을 통해 이남에 오셔서 2박 3일 동안 각지를 돌아다니며 이남 민중들에게 희망과 용기를 안겨주고 떠났다'는 내용이었다. 유인물 어디에도 축지법이란 단어는 찾아 볼 수 없었다. 아무리 주사파라도 차마 축지법이란 단어는 사용할 수 없었던 모양이다.

'험산준령 비켜선다. 번개도 뒤따른다. 장군님의 지략으로 승전고 울린다. 수령님 쓰시던 축지법, 오늘은 장군님 쓰신다. 백두의 전법 신묘한 전법. 장군님 쓰신다. 축지법, 축지법, 장군님 쓰신다.'

1996년 북한의 왕재산경음악단에서 「장군님 축지법 쓰신다」는 노래가 발표되었다. 배후에 축지법을 좋아하는 이창선이 있었을지도 모를 일이다.

2020년 5월 20일 『노동신문』은 「축지법의 비결」이라는 기사에서 "사실 사람이 있다가 없어지고 없어졌다가 다시 나타나며 땅을 주름잡아 다닐 수는 없는 것"이라고 밝혔다. 그동안 교과서에까지 실려 오던 김일성·김정일의 축지법이 실상은 허무맹랑한 우상화였음을 스스로 인정한 것이다. 21세기 들어서면서 한반도 북쪽은 그나마 조금씩이라도 인지(人智)가 깨어가는 듯한데, 남쪽 주사파는 아직까지도 혈서로 충성을 맹세하는 등 미몽에서 깨어나지 못하고 있다.

톰 존스의 딜라일라와 삼손과 데릴라

전주곡부터 심상찮다. 불길한 긴장감이 고조된다.

'블라인드에 비쳐 흔들리는 사랑의 그림자를 보았네. 그녀는 내 여자였네. 그녀가 날 속이는 걸 보면서 난 그만 정신이 나가 버렸네 … 내 손엔 칼이 쥐어져 있었네. 그녀는 더 이상 웃지 않았네 …'

가사도 섬뜩하다. 영국의 유명한 팝송가수 톰 존스가 부른 불후의 명곡 「딜라일라(Delilah)」이다.

가사도 제대로 모르면서 수 십 년을 흥얼거리던 딜라일라(Delilah)

가 성경 속 '삼손과 데릴라(Samson and Delilah)'의 그 '데릴라'인줄 얼마 전에야 알았다. 영어식으로 읽으면 '딜라일라,' 히브리어식으로 읽으면 '데릴라'였다. 삼손은 데릴라의 성적 매력에 빠져 자신의 치명적인 약점을 누설하고 자신을 파멸시키고 만다.

예나 지금이나 성(Sex)은 상대를 유혹하는 치명적인 무기다. 1954년 1월, 소련 주재 캐나다 대사로 부임한 왓킨스(John Watkins)는 박학다식하고 세련되며 사교적 인물이었다. 러시아 역사에 관심이 많았고 여행을 좋아했다. 부임 첫해 겨울, 왓킨스는 소련의 남부 지역에서 '카말'이라는 청년을 우연히 만났다. 왓킨스는 카말을 '소련체제에 의구심을 품고 있는 청년'으로 캐나다 본부에 보고했다. 이듬해 4월, 소련 외무부 소속으로 역사학자이며 컨설턴트인 알로이샤(Aloysha)를 만났다. 왓킨스는 알로이샤를 '소련 정부 내 최고의 정보협력자'로 보고하고, 인간적으로도 밀접한 관계를 유지했다. 얼마 뒤에는 자신을 '소련 역사 아카데미' 역사 교수로 소개한 '닛킨(Nitkin)'이라는 인물과도 친구가 되었다. 외견상 어느 하나 보안 규정에 위배된 것도 없었고, 본부에 보고하지 않은 것도 없었다.

1956년 4월, 귀환을 준비 중인 왓킨스에게 알로이샤로부터 만나자는 연락이 왔다. 알로이샤는 'KGB의 비열한 공작'이라며 왓킨스에게 카말과 찍은 동성애 사진을 건네주었다. 동정심 많은 친구 알로이샤는 왓킨스가 곤경에 빠지지 않도록 최대한 도와주겠다고 했다. 왓킨스는 자신의 경력이 이제 소련의 선의에 달려있다는 것을 알게 되었다. 알로이샤에게도 큰 빚을 지게 되었다.

1964년 KGB의 한 요원이 서방으로 망명했다. 1950년대 중반 KGB가 소련 주재 캐나다 대사를 협박했던 사실이 제보되었다. 왓킨스의 '소련 정부 내 최고의 정보 협력자'인 알로이샤가 KGB 고위 간부로 밝혀졌다. 역사학자 닛킨은 KGB 정예요원으로 확인되었다. 전혀 무관하게 보였던 카말, 알로이샤, 닛킨은 왓킨스를 포섭하기 위한 공작조의 일원으로 밝혀졌다. 1963년 외무부 차관보로 퇴직 후 프랑스에서 살던 왓킨스는 1964년 10월, 경찰 조사를 받던 중 심장마비로 사망했다.

이 정도 준비와 함정이면 누구도 빠져나가기가 어렵다. KGB는 캐나다 외무부도 모르고 있던 왓킨스의 동성애 취향까지 파악하고 있었다. 본능을 무기로 하는 스파이 활동은 치명적이다. 지구상에 남자와 여자가 존재하는 한 성적 욕망을 무기로 하는 스파이 활동은 없어지지 않을 것이다.

오랜만에 퇴직 동료들과 술자리를 가졌다. 톰 존스의 고향인 영국 웨일스에서 올해부터 「딜라일라」를 더 이상 응원가로 부르지 못하게 되었다는 이야기가 나오면서 화제가 급진전했다. 북한 쪽 인사들이 공식 업무로 남한에 몇 달 또는 몇 년씩 체류하게 되면 어떤 일이 벌어질까? 그런 일이 일어날 리 만무하지만 만약, 만에 하나라도 일어난다면? 경호나 신분 보장이야 당연한 이야기고 … 그래도 정보기관은 자기 직무(?)를 절대로, 절대로 유기해선 안 된다고 입을 모았다. 그럼 우리 쪽 인사들이 북한에 체류한다면?

서커스와 광대, 그리고 두더지

'서커스의 꼭대기에 두더지가 있다(There is a mole right at the top
of the circus),' '팅크 테일러 솔저 스파이(Thinker Tailor Soldier Spy).'

영화 예고편의 첫 문장이다. 스파이 영화에 뜬금없이 '서커스'
와 '두더지'라니?

『냉전시대 서커스의 어느 광대(A Cold War Clown at Circus)』라든가 『서
커스에서 온 스파이(The Spy Who Came in from the Circus)』, 『미국의 광대
들(Clowns In America)』? … 이건 또 무슨 뚱딴지같은 소리인가?

'두더지'는 '이중스파이'로, '서커스'는 '영국의 비밀정보국(MI6)'으로, '광대'는 '비밀요원'으로 바꿔보자. '영국 비밀정보국의 최상층부에 러시아의 이중스파이가 있다,' '냉전시대 영국 비밀정보국의 어느 정보 요원,' '영국 비밀정보국에서 온 스파이,' '미국 중앙정보국(CIA)' … 이제 말이 된다. 모두 영국 작가 존 르 카레가 소설 속에서 창조한 첩보 용어들이다.

서커스는 르 카레가 비밀정보국 본부를 런던 중심부인 '캠브리지 서커스(Cambridge Circus)'의 가상 건물에 배치한데서 유래한다. 한때 남산이 한국 중앙정보부의 별칭이었듯이 서커스는 르 카레 이후 영국 비밀정보국의 별칭이 되었다. 그렇다면 왜 르 카레는 소설 속 비밀정보국을 캠브리지 서커스에 배치했을까?

먼저 '서커스'라는 단어에 대해 알아보자. 서커스는 일반적으로 곡예사나 광대, 짐승들이 볼거리를 제공하는 순회공연 단체를 의미한다. 그러나 영국에서는 지명에 서커스가 붙으면 원형 교차로, 즉 우리나라의 '로타리'와 같은 의미로도 사용된다. 르 카레는 서커스를 중의(重義)적으로 사용했다. 중세시대의 '서커스'는 지역을 떠돌아다니며 국왕을 위해 정보를 수집하거나 민심을 조작하는 스파이 노릇도 했기 때문이다. 그렇다면 옥스포드 서커스, 피카딜리 서커스, 캠브리지 서커스 등, 영국의 하고 많은 서커스 중 르 카레는 왜 하필 캠브리지를 선택했을까? 2차 세계 대전부터 1950년대 초반까지 소련에 기밀 정보를 빼돌린 '캠브리지 파이브' 사건의 영향 때문이었다. 캠브리지 대학 출신 간첩들 때문에 당시 영국 '캠브리지'는 배신과 반역의 아이콘이었다. '서커스'와 '광대'라는 첩보 용어는 그렇게 탄생되었다.

앞선 두 첩보 용어가 주로 문학 작품이나 영화에서만 사용되었던 것과는 달리 '이중스파이'와 '장기 잠복 공작원'을 뜻하는 '두더지'는 이미 소련에서 간헐적으로 사용되고 있었다. 제프리 베일리의 1960년 저서 『음모자들(The Conspirators)』에 의하면 1932년 소련은 페도센코(Fedossenko)라는 이중스파이를 모집하고 그에게 '두더지'라는 공작 명칭을 부여한 것으로 되어 있다. 그러나 '두더지'가 정보기관에서 일반적 첩보 용어로 사용되기 시작한 것은 영화 『팅크 테일러 솔저 스파이』 이후였다. 어쩌다 사용되던 소련의 첩보 용어가 르 카레를 통해 현실 속 대중적인 단어가 된 것이다.

공작 지역에서 안정된 직업을 갖고 수년에서 수십 년간 평범하게 살다가 임무가 주어지면 활동하는 '두더지'는 우리 주변에도 있었다. A는 중학교 2학년 때 남파된 친척에게 포섭되었다. 친척과 함께 밀입북한 A는 '철도청에 들어가서 유사시 철도를 마비시키라'는 지령을 받고 귀환한 후 OO고등학교에 진학했다. 철도청을 거쳐 지하철공사 시설분야 간부로 근무하던 중 북한에서 내려온 검열간첩이 체포되면서 A도 검거되었다. A는 39년 동안 잠복한, 내가 만난 가장 오랜 두더지였다.

미국에서 가장 위험한 여성 스파이,
아나 몬테스의 정신 승리

2000년대 초반 인천에서 본태성고혈압환자로 위장하여 병역을
면제받는 신종 병역 비리 사건이 터졌다. 외견상 도저히 알 수 없
는 특정 신체부위에 힘을 주어 혈압을 순간 상승시키는 수법이 사
용되었다. 그런데 같은 수법으로 거짓말탐지기 검사까지 통과한 스
파이가 있었다. 낮에는 미국 국방정보국(DIA)의 선임 분석관으로 활
동하고, 밤에는 쿠바 정부의 스파이로 암약한 '아나 몬테스(Ana
Montes)'였다.

2023년 1월 8일, 미국에서 가장 위험한 여성 스파이 '아나'가 가
석방으로 풀려났다. 2001년 9월 21일 간첩 혐의로 체포되어 징역 25

년을 선고받은 후 정확하게는 21년 3개월 19일만이었다. 그녀는 석방되자마자 미국의 '대 쿠바 수출금지 조치(U.S. embargo against Cuba)'를 비난했다. 21년 전 재판을 받을 때도 그녀는 자신의 행위에 대해 사과하지 않았다. 쿠바에 대한 미국의 정책이 불공평하고 너무 잔인하다고만 했다. 법적으로는 조국을 배반했을지 몰라도 양심을 따랐다고 했다. 17년의 스파이 활동으로 쿠바로부터 받은 것이 수천 달러에 불과했으니 외견상 그럴 듯하기도 하다.

푸에르토리코 출신 육군 대령 아버지는 자녀들에게 지나치게 엄격했다. 아나는 침실에 '체 게바라' 사진을 걸어두고 밤마다 쿠바의 혁명을 동경했다. 아버지의 권위로부터 도망치고 싶던 아나는 대학생이 되면서 만난 남자 친구에게 너무나 쉽게 빠져버렸다. 아르헨티나 출신이었던 남자 친구는 만날 때마다 아나에게 남미 군사 정권들의 백색테러와 미국의 은밀한 군사 개입 '썰'을 늘어놓았다. 그렇게 좌파가 되어가던 아나가 존스 홉킨스 대학원 시절, 또 다시 우연인지 필연인지 푸에르토리코 출신 쿠바 스파이를 만나게 되고, 그와 함께 쿠바로 밀입국하면서 그녀의 스파이 활동은 본격적으로 시작되었다.

쿠바에서 활동하는 미국 비밀요원 4명의 이름이 카스트로에게 넘어갔다. 엘살바도르의 한 미국 군사시설은 아나가 방문한 한 달 뒤

반군의 습격을 받아 군인 44명이 숨졌다. 아나는 2001년 체포될 때까지 무려 17년 동안 국방정보국의 내부 스파이로 활동했다. 확실한 물증은 없지만 CIA와 FBI는 많은 정보들이 아나를 통해 쿠바로 넘어갔을 것으로 확신하고 있다.

쿠바의 실상을 알면서도 스파이 활동을 계속할 수밖에 없는 자괴감, 남동생·남동생의 처·여동생 모두 FBI 요원인 가족들 속에서 스파이 활동으로 인한 말 못할 고립감은 아나를 정신적으로 망가뜨렸다. 매일 항우울제를 먹었고, 매일 몇 시간씩 샤워를 해야 되는 청결 강박증에 시달려야 했다. 그러다 체포되었다. 가족들은 "언니는 가족을 배신했고 친구를 배신했고 당신을 사랑했던 모든 사람을 배신했다"며 연락을 끊었다. 그런 상황에서도 아나는 "우리의 가치와 정치 체제를 쿠바에 강요하려는 우리의 노력으로부터 쿠바가 스스로를 방어하도록 도와야 할 도덕적 의무를 느꼈다"고 했다. 진정한 정신 승리였다.

아나의 가석방을 두고 미국도 설왕설래 의견이 분분하다.

정의와 보다 나은 세계를 위해 싸우는 진정한 영웅!
진정한 애국자!
반역자는 절대 가석방을 시켜서는 안 된다!

반역자에게는 사형을!

나는 도저히 이 사람을 이해 못하겠다!

이 사람이 쿠바나 러시아, 북한 같은 나라의 실상을 진짜 모르는가?

쿠바로 보내버려라!

간첩을 주인공으로 하는 영화를 만들어선 안 된다!

사람 사는 세상이 다 비슷한 모양이다. 위안이 된다. 윤석열 정부 들어 첫 간첩단 사건이 터졌다. 여기저기서 압수수색이 벌어지고 있다. 이들의 변명이 기대된다.

스파이 영화에는 왜 J로 시작하는 이름의
스파이들이 많을까?

잭 라이언(Jack Ryan), 잭 웨이드(Jack Wade), 제임스 본드(James Bond),
제임스 그리어(James Greer), 제임스 워몰드(James Wormold), 제이슨 번
(Jason Burne), 제시카 드루(Jessica Drew), 조 터너(Joe Turner), 존 크레그(John
Craig), 존 스톤(John Stone) …. 소설이나 영화 속 미국 중앙정보국(CIA)
을 비롯하여 영국 해외정보국(MI6)의 공작관과 분석관 및 암살자들
의 이름을 열거한 것이다. 이들은 왜 모두 알파벳 'J'로 시작할까?

미국 연방 사회보장국에서 지난 100년간(1922-2021) 태어난 아기에
게 가장 인기 있는 이름을 조사했다. 남자 아기는 제임스, 로버트,
존, 마이클, 데이비드, 윌리엄, 리처드, 조셉, 토머스, 찰스 순이었고,
여자 아기는 메리, 퍼트리셔, 제니퍼, 린다, 엘리자베스, 바버라, 수

전, 제시카, 새라, 캐런 순이었다. 상위 10개 이름 중에서 남자 여자 모두 'J'로 시작하는 이름이 제일 많았다. 제임스, 존, 조셉, 제니퍼, 제시카 모두 성경에서 유래한 이름으로 기독교 문화권에서 가장 흔한 이름들이다.

강호동, 박세리, 박찬호, 정우성, 조용필 ··· 우리나라 나이트클럽 웨이터들이 가장 선호하는 이름이다. 부르기 쉽고 손님들이 오래 기억해 주기를 바라는 마음에서다. 그런데 떳떳치 못한 일로 남의 이름을 도용하거나 가명을 사용할 때는 경우가 다르다. 마약이 일반 우편물로 위장되어 한국으로 보내질 땐 '클린턴'이나 '힐러리' 혹은 '바이든' 같은 유명인사의 이름이 발신자로 도용되는 경우는 드물다. 진주만 기습을 성공시킨 일본의 전설적 스파이 '요시카와'는 외교관으로 위장하면서 발음이 어려운 '모리무라'로 바꿨다. 외국인이 이름을 쉽게 부르지 못하도록 하기 위해서였다.

이제 답은 나왔다. 너무 흔하고 평범해서 기억에 잘 남지 않는 이름, 발음하기 어려워 쉽게 기억할 수 없는 이름. 스파이들의 이름이 그랬다. 지난 100년간 미국에서 태어난 남자 아기 1억 7천 723만 8,032명의 이름 중에서 가장 인기 있고 흔한 이름이 바로 '제임스 본드'의 제임스(James)였다. 2013년에 개봉된 우리나라 영화 「스파이」에서도 대한민국 최고의 스파이 이름은 우리나라에서 가장 흔한 '김철수'였다.

평일 점심시간 붐비는 식당에 CIA 교육생이 들어간다. 교육생은 주인과 웨이터의 눈에 띄지 않고 5분 동안 앉아 있어야 한다. 웨이터가 물 한잔이라도 갖다 주면 불합격이다. CIA의 '그레이 맨(grey man)' 교육이다. 아무 것도 아닌 사람, 길에서 지나칠 수도 있지만 금방 잊게 되는 사람, 스파이는 그레이 맨이 되어야 한다.

상류층 무도회에 잠입하면서 2008년형 소나타 중고차를 몰고 가선 안 된다. 공작원을 접선하는 호젓한 공원에 턱시도에 클래식한 정장차림으로 나가서도 안된다. 막걸릿집에서 보드카 마티니를 주문해선 안 된다. 버스 전용도로를 BMW 승용차로 질주해서도 안 된다. 스파이는 튀지 않는 사람, 주변과 조화를 이룰 수 있는 사람이어야 한다.

북한에서 직파되든, 남한에서 포섭되든, 직업상 많은 스파이들을 만났다. 그중 수십 년이 지난 지금도 잊히지 않는 자들이 더러 있다. '남조선 혁명,' '조선 혁명,' '혁명의 봄,' '혁명 전사'를 뜻하는 '○혁,' '혁×'라는 가명을 썼던 스파이를 두고 하는 말이다. 혁명의 의지를 다지는 것까지는 좋은데, 스파이로서는 자격미달의 가명들이다.

2022년 세계 스파이 사건 톱 5
1위는 대담한 중국 스파이

'연기 대상,' '가요 대상,' '올해의 인물,' '키워드로 보는 사건 · 사고,' '10대 사건 뉴스' …

매년 연말이면 방송국이나 언론사들은 저마다 그해 가장 영향을 준 인물이나 사건·사고를 선정·발표한다. 스파이 세계도 예외는 아니다. 미국의 국가안보 전문가 헤드헌팅 업체 '클리어런스 잡스(ClearanceJobs)'에서 「2022년 상위 5개 간첩 사건(Top 5 Espionage Cases of 2022)」을 발표했다. 선정된 간첩 사건에는 단일 사건뿐 아니라 특정 스파이 활동도 포함되었다.

5 스파이인가 코스프레인가?

2022년 7월, 하와이 어느 부부가 공문서 위조와 신분 도용 혐의로 체포되었다. '프림로즈'와 '모리슨' 부부는 1987년부터 유아 때 사망한 '포트'와 '몬태규'의 신분을 도용했다. 포트와 몬태규의 이름으로 결혼하고, 사회보장번호와 운전면허증 및 여권을 발급받았다. 남편 프림로즈는 포트라는 위장 신분으로 20여 년간 해안경비대 복무도 했다. 그런데 이들 부부에게서 KGB 유니폼을 입고 찍은 사진 두 장이 발견되었다. 부부는 장난삼아 입어봤다고 주장하고 있지만, 수사기관은 '신분 도용 이상의 범죄'가 있을 것으로 추정했다. 신분 도용은 일반적으로 금전적 이득이나 기소를 피하기 위한 것인데, 그동안 이들의 삶은 외관상 너무나 평온했다. KGB 스파이인가 아니면 코스프레인가?

4 러시아 정보기관의 미국 선거 개입

2022년 7월, 모스크바에 거주하고 있는 러시아인 '이오노프'가 미국 선거에 개입한 혐의로 기소되었다. 기소장은 이오노프가 KGB의 후신인 연방보안국(FSB)의 지시로 2014년 12월부터 2022년 3월까지 미국 시민을 대상으로 '영향 공작'을 전개했으며, 플로리다·조지아·캘리포니아에서 특정 정치단체를 지원했다고 밝혔다. 러시아의 미국 선거 개입은 앞으로도 계속될 것이다.

3 미국 핵 엔지니어 수감

2022년 11월, 버지니아급 핵 잠수함 기밀을 유출한 혐의로 해군 엔지니어 '조나단 토베'와 '다이애나' 부부가 232개월과 262개월의 징역형을 선고받았다. 2020년 4월 토베가 브라질 정부에 기밀정보 판매를 제안했을 때, 브라질이 그의 제안서를 FBI에 넘기면서 그의 계획은 처음부터 틀어졌다. 브라질 정부의 대리인으로 위장한 FBI는 1년여의 함정수사를 벌인 끝에 2021년 10월, 마침내 이들 부부를 체포할 수 있었다. 주범인 남편보다 전직 교사인 부인의 형량이 높은 이유는 범행 과정에서 부인이 주도적인 역할을 담당했고, 범행 후에도 개전의 정이 없었기 때문이다.

2 러시아 정보공작에 대한 유럽의 한판승

2022년 2월에서 6월 사이, 러시아 정보요원과 외교관 556명이 유럽에서 추방되거나 PNG(기피인물) 조치를 당했다. 뒤 이어 유럽 전역에서 러시아 정보기관의 협력자들이 대거 체포·기소되었다. 러시아 스파이 활동을 무력화하려는 유럽국가의 방첩활동에서 2022년은 가장 성공적인 해로 기록될 것이다.

1 중국의 대담한 스파이 활동과 미국의 강력한 대응

중국은 해외 반체제 인사의 비난을 잠재우고 외국의 첨단 기술을 탈취하는 데 점점 대담해지고 있지만, 이에 대한 미국의 대응도 점점 강력해지고 있다. 2022년 10월, 법무부는 중국 국가안전부(MSS) 요원 3명을 포함한 4명의 중국인을 미국 내 중국인의 강제 송환 기도 혐의로 기소했다. 2022년 11월, 신시내티 연방법원은 중국 국가안전부 간부 '옌준 쉬'에게 경제 스파이 공모·영업비밀 절도 공모·경제 스파이 미수·영업비밀 절도 미수 등의 혐의로 징역 20년을 선고했다. 중국은 스파이 활동에서 장기전을 계획하고 있으며 미국도 그에 대한 대비를 강화해야 할 것이다.

이스라엘의 스파이 박물관 개관과 영화 「영웅」

추위가 한풀 꺾인 틈에 잠시 산책을 나갔다가 팝콘 냄새에 이끌려 영화관을 찾았다. 블라디보스톡 연주에서, 하얼빈 역사(驛舍)에서, 여순 감옥에서 부단히 흔적을 좇았던 그가 거기 있었다. 대한의군 참모 중장 안중근, 그를 그린 뮤지컬 영화 '영웅'이었다.

'나라 위해 싸운 우리 누가 죄인인가!
우리를 벌할 자 과연 누구인가!'

영화가 끝나고도 배우들의 합창소리가 한참 귀에서 떠나지 않았다.

2022년 12월 12일, 이스라엘의 해안도시 헤르츨리야에 국민영웅으로 추앙받는 전설적 스파이 이름을 딴 '엘리 코헨 국립박물관'이 개관했다. 엘리 코헨의 유가족과 헤르초그 대통령, 네타냐후 총리, 바니아 모사드 국장 및 패드론 헤르츨리야 시장 등이 참석한 개관식은 시종 엄숙한 분위기에서 진행되었다.

헤르초그 대통령은 기념사에서 "이스라엘의 영웅, 이스라엘의 가장 위대한 스파이 엘리 코헨은 나라를 위해 목숨을 걸고자 하는 이스라엘의 모든 전사들에게 그들이 나아가야 할 방향을 제시하고 있다. 우리는 오늘 지어진 이 박물관이 유가족들에게 자부심을 심어줄 수 있도록 노력해야 한다"고 밝혔다. 네타냐후 총리는 유가족들에게 "시리아로부터 엘리의 유해를 반드시 송환하겠다는 우리의 약속에는 기한이 없다. 이것은 우리의 영원한 약속이다"라며 유해 송환을 재삼 다짐했다. 바니아 모사드 국장도 "모사드의 모든 요원들은 성스러운 이곳에서 엘리 코헨의 헌신과 통찰을 배울 것이다"라며 엘리 코헨의 희생을 잊지 않았다. 엘리 코헨의 미망인 나디아 코헨은 "엘리는 좌파든 우파든 상관하지 않았다. 오직 이스라엘 국민을 위해 일했다. 나는 엘리를 사랑하는 이스라엘 국민을 자랑스럽게 생각한다"며 남편을 추억했다.

박물관에는 엘리 코헨의 결혼사진과, 가지고 다녔던 가방, 해외에서 가족에게 보낸 엽서, 정보교육 수료증, 시리아에서 입었던 예복, 시리아 정보부가 보낸 엘리 코헨의 마지막 편지 등 출생부터 죽음에 이르기까지 엘리 코헨의 모든 것들이 전시되고 설명이 따랐다. 박물관은 40분 견학 코스를 지나면 누구나 엘리 코헨을 경험할 수 있도록 설계되었다. 사진 한 장이 천 마디 말보다 낫고 경험 한 번이 사진 천 장보다 낫다. 박물관은 학생들과 군인들의 필수 견학 코스가 되고 여행자들의 관광명소가 될 것이다. 모사드는 이렇게 전설이 되어간다.

2022년 10월 1일, 블라디보스톡에서 북한 공작원에 의해 피살된 최덕근 영사의 26주기 추모행사가 국정원 보국탑에서 있었다. 작년에 이어 올해도 유가족들의 모습은 보이지 않았다. 전·현직이나 국정원의 그 누구도 유가족들과는 연락이 닿지 않았다. 행사에 참석한 한 인사는 "연평해전 어느 유가족처럼 국가의 홀대를 견디다 못해 이민을 가버린 건 아닐까? 천안함 유가족처럼 정권으로부터 모함과 냉대를 받았던 건 아닐까?"라며 안타까워했다.

2주 뒤인 10월 15일, 우리나라 최초의 특수부대인 호림부대 제73주기 전몰장병 위령제가 국립서울현충원에서 거행되었다. 두 달 앞서 8월 14일, 윤석열 대통령이 "이름 없이 스러져간 영웅들을 우리는 끝까지 기억해야 한다"며 국가원수로서 최초로 부대의 존재를 인정했을 때 유가족들은 감격하고 감읍했다. 그러나 그뿐이었다. 국가는 위령제에 그 흔한 추모 화환 하나 보내오지 않았다. 보훈처에 수차례 행사 사실을 알렸고, 보훈처장에게는 등기우편까지 발송했었지만 돌아오는 건 허탈한 마음뿐이었다.

안중근 순국 112년, 아직도 그의 유해는 돌아오지 못하고 있다.

"나라 위해 싸운 우리 누가 죄인인가!
 우리를 벌할 자 과연 누구인가!"

배우들의 합창소리가 아직도 들리는 듯하다.

축구와 스파이

1962년 10월 14일, 미국의 첩보기가 쿠바에 건설 중이던 소련의 탄도 미사일(MRBM) 기지와 쿠바로 미사일 부품을 운반 중이던 소련 선박을 촬영했다. 10월 16일, 미국 정보 당국은 소련 미사일의 쿠바 배치를 최종적으로 확인하고 대통령에게 보고했다. 10월 22일, 케네디는 "소련이 쿠바에서 미사일 기지 공사를 강행한다면 전쟁도 불사하겠다"는 성명을 발표했다. 그러자 흐루쇼프는 결국 10월 28일, "쿠바에서 미사일을 철수하겠다"는 입장을 밝힌다. 미국과 소련이 군사적으로 대치했던 13일 간은 인류 역사상 핵전쟁에 가장 가까이 다가갔던 순간이었다.

그런데 쿠바 미사일 위기(Cuban Missile Crisis)라고 불리는 이 사건이 사실 축구(soccer)에서 시작되었다는 것을 아는 사람은 드물다. 1962년 9월 어느 날, 어느 CIA 요원이 쿠바 해안을 따라 여러 개의 축구장이 갑자기 만들어졌다는 사실을 알게 되었다. '쿠바인은 축구를 좋아하지 않는데 누굴 위해 저 축구장이 만들어졌을까?' 고민을 거듭하던 CIA 요원은 근처에 소련군의 캠프가 있을 것으로 추론하고, 축구장 상공에 첩보기를 띄워 줄 것을 요청했다. 일촉즉발 3차 대전의 위기는 그렇게 시작된 것이다.

라틴 아메리카와 카리브해 대다수 국가가 축구를 국가적 스포츠로 즐기는 것과는 달리 쿠바에서 가장 인기 있는 스포츠는 야구다. 쿠바의 모든 중등학교에서 야구를 가르치고, 야구장 다이아몬드는 쿠바 어디서나 볼 수 있는 쿠바의 자연스런 풍경이다. 역사상 최고의 골키퍼란 찬사를 받고 있는 레프 야신은—"오직 그만이 막을 수 있다!"—소련의 축구 영웅이었다. 월드컵과 더불어 전 세계 축구팬들을 열광시키는 유러피언 챔피언십의 1960년 초대 우승국도 소련이었다. 쿠바는 야구에 빠졌고, 소련은 축구에 열광했다. 냉전시대 스파이들은 소련과 쿠바의 군사 주둔지를 축구장과 야구장으로 식별했다.

1970년, 쿠바 시엔푸에고스에서 해군 기지 건설이 진행되고 있었다. 미국은 8년 전 미사일 위기의 악몽을 떠올렸다. 몇 달 뒤, 국가

안보 보좌관 키신저(Kissinger)가 시엔푸에고스 상공에서 촬영한 첩보기의 사진 한 장을 제시했다. 사진에는 쿠바인들이 축구장을 짓고 있는 모습이 찍혀 있었다. 키신저는 공사 중인 기지가 소련을 위한 것이라고 판단했다. CIA 국장 헬름스(Richard Helms)도 "건설 중인 기지에 축구장, 테니스 코트, 배구 코트, 농구 코트는 있는데 야구장은 보이지 않는다. 나는 아직까지 야구장 없는 쿠바군 캠프는 본 적이 없다"며 키신저의 판단에 동의했다. 키신저가 소련 대사를 만나자 쿠바에서의 해군 기지 건설 공사는 중단되었다.

1975년 11월, 쿠바가 앙골라 좌익정당 앙골라인민해방운동(MPLA)을 지원하기 위해 2만 5천 명이 넘는 군대를 비밀리에 앙골라에 파견했다. 그러나 미국은 정찰위성을 통해 쿠바가 앙골라에 군대를 파견했음을 어렵지 않게 추적할 수 있었다. 쿠바인들은 가는 곳마다 야구를 했기 때문에 야구 다이아몬드의 존재와 숫자는 쿠바군의 위치와 규모를 추론케 했다. 당시 탄자니아 주재 미국 대사도 탄자니아 대통령에게 앙골라에 쿠바 군대가 주둔하고 있음을 확신시키는 방법으로 야구 다이아몬드의 항공사진을 전달했다.

오동나무 잎이 떨어지는 것을 보고 가을이 왔음을 알고, 항아리 물이 어는 것을 보고 천하의 추위를 안다. 가까운 것으로 먼 것을 알고 작은 기미로 큰 변화를 짐작하는 사람, 그들이 바로 스파이들이다.

사소함의 미학

1983년 10월 9일 10시 25분, 미얀마의 아웅산 묘소에서 폭발사건이 발생했다. 전두환 대통령이 순방한 서남아시아 대양주 6개국 중 첫 방문지에서 불미스런 일이 벌어진 것이다. 부총리와 외무부장관 등 한국의 정부요인 17명이 사망하고 14명이 부상을 입었다. 한국 외교사상 최대 참극이었다.

1983년 9월 17일, 화물선으로 위장한 북한 공작선 동건애국호가 랑군(Rangoon)항에 입항했다. 미얀마의 안기부 요원 A는 알 수 없는 불안감에 잠을 이룰 수 없었다. 다음 달이면 대통령이 오는데 미얀마의 국가정보체계는 완전 혼돈이었다. 몇 달 전 국가정보국(NIB) 간부들이 대거 숙청당해 누구와 정보 협력을 해야 할지 알기 어려웠다. 13년 전인 1970년 6월, 국립현충원에서 자행된 북한의 폭발물 테러기도 사건의 기억이 자꾸 떠올랐다. 지난 8월 달에는 북한 대표단도 아웅산 묘소를 참배했는데, 혹시 예행연습을 하러 온 것이 아니었는지 ….

A는 대통령의 미얀마 방문이 위험하다고 판단했다. 특히 아웅산 묘소 참배는 재고해야 한다고 본부에 건의했다. 그러나 본부의 회신은 '양국이 이미 협의한 사항'으로 불가하다는 입장이었다. 현지 정보원으로부터 '북한의 수상한 움직임이 감지되고 있다'는 첩보가 들어왔다. 마지막 경호 리허설에서 미얀마 요원에게 아웅산 묘소 내부를 금속탐지기로 검색해 달라고 요청했지만 거절당했다.

"이번 사건의 책임은 우리에게 있음을 솔직히 시인합니다. 최근 국가정보국 간부를 숙청했는데, 경호에 차질이 생겼습니다. 책임 있는 자가 구석구석 검색을 다하지 못한 책임이 있습니다."

네윈 대통령의 사과가 있었지만 A는 땅을 치며 통탄했다. 공작선의 감시를 조금만 더 신중하게 했더라면, 본부 건의를 조금만 더 소신 있게 했더라면, 미얀마와의 정보협력을 조금만 더 강하게 추진했더라면 ….

1987년 12월 초순, TV에서 대통령 선거 유세 방송이 나오고 있었다. 방송을 듣던 한 남자가 옆에 앉은 여자에게 일본말로 물었다.

"당신 집 텔레비전 브랜드는 뭐요?"

뜬금없는 질문에 여자가 얼떨결에 **"쯔쯔지(つつじ, 진달래)"**라고 답했다. 남자가 이번에는 한국말로 "이 사람아! 진달래는 북한 텔레비전이잖아"라며 싱긋 웃었다. 순간 여자는 숨이 막혀 오는 걸 느꼈다. 남자는 안기부 수사관이었고 여자는 KAL 858기 폭파범 '김현희'였다.

바레인에서 서울 안기부로 압송된 폭파범은 한국말로 하는 조사에는 일체 반응을 보이지 않았다. 중국말과 일본말로 "나는 일본에서 자란 고아다. 흑룡강성에서 태어나 중국 광주에서 고아로 살던 중 '하찌야 신이찌'에게 입양되어 현재 일본에 살고 있다"는 말만 계속 되풀이하고 있었다. 얼굴 생김새도 중국 사람으로 오인할 만했다. '북한이 중국 사람을 공작원으로 포섭했을 수 있겠다'는 생각이 들 정도로 중국말도 유창했다. 그러다 한 가지 특이한 점이 관찰되었다. 침구를 정리하는데 각이 잡혀 있었던 것이다. 고아로 자란 20대 후반 여자의 침구 정리치곤 뭔가 석연찮았다. 규율화된 생활 습관이 자연스레 몸에 배어 있었다. 일본에서 근무한 적이 있고 신문(訊問)의 달인이었던 수사관의 촉이 발동했다.

당시 북한에 가장 많이 보급된 텔레비전은 진달래였다. 진달래는 일본에서 들여온 도시바(TOSHIBA)를 상표만 바꿔 붙인 것이었다. 수사관의 허를 찌른 기습 질문에 김현희의 위장 신분이 벗겨지는 순간이었다.

80년대 후반 이문동 정보학교에 스파이 교육을 담당하는 이무기라는 별명의 훈육관이 있었다. 아웅산 사건과 KAL기 사건을 경험한 그는 "큰일을 하려면 사소한 일부터 잘해야 한다"는 말을 늘 입에 달고 살았다. 살인면허도 없고 권총도 차본 적 없지만, 이무기의 새끼들은 모두 사소한 일의 달인이 되어갔다. 미행의 달인, 감시의 달인, 변장의 달인, 신문의 달인, 보고서의 달인 … 남산에는 그렇게 달인들이 쌓여갔다.

명불허전 모사드의 추억

'모사드를 배워야 국정원이 산다'
'국정원 개혁은 이스라엘 모사드가 최상의 모델'
'국정원, 모사드 모델로 개혁해야'

대통령도 국정원장도! 여당도 야당도! 보수도 진보도! 전문가도 비전문가도! 입 달린 사람들은 모두 모사드를 이야기한다. 한국의 모사드 추앙은 거의 신(神) 급! 오늘은 모사드에 출장 간 한국의 어느 정보기관 직원 A의 에피소드 세 개를 추억한다.

에피소드 하나. 어느 해 A가 이스라엘 모사드로 출장을 갔다. 30대 초반의 젊은 모사드 직원 B가 A를 전담했다. 일주일이 지났을 즈음, A가 일과를 마치고 돌아가는 B를 가볍게 포옹했을 때 A는 기겁을 했다. B의 등이 이상하게 딱딱했던 것이다. B의 모사드 상사 C가 "몇 년 전 레바논 하마스 테러집단에 의해 모사드 무장 요원들이 피습을 당한 일이 있었는데, 그때 많은 요원들이 죽고 다쳤다. B도 그때 심한 부상을 입어 평생 저렇게 등판에 딱딱한 것을 붙이고 살아야 한다"고 설명했다. 그러고 며칠 뒤, '레바논에서 하마스 지도자들이 누군가에 의해 습격을 당해 몰살했다'는 뉴스가 나왔다. B 생각이 난 A가 지나가는 말투로 C에게 "당신들이 한 것이 아니냐?"고 물었다. C는 분노에 찬 표정으로 "그놈들이 B를 그렇게 만들었다. B의 동료들을 죽게 만든 놈들이 바로 그 놈들이다. 우리는 그놈들을 어제처럼 처단하기 위해 5년을 좋아다녔다"고 단호하게 말했다.

에피소드 둘. A가 모사드 식당에서 밥을 먹게 되었다. 양고기, 쇠고기는 물론이고 신선한 채소와 각종 과일에 다양한 와인이 즐비했다. 호텔급으로 성대하게 잘 차려진 식사에 미안한 마음이 든 A가 "나 때문에 이렇게 차렸느냐?"고 물었다. 옆자리 모사드 직원은 대수롭지 않다는 듯 "우린 늘 이렇게 먹는다"고 답했다.

"그럼 밥값이 얼마냐?"

"달러로 계산하면 30달러쯤이야!"

'이 정도 식사에 30달러면 그렇게 비싼 편은 아니고 … 하루 세 끼를 여기서 다 먹는다던데, 그러면 밥값만 하루 90달러, 한 달이면 2,700불 아닌가?' 생각이 여기까지 미친 A가 다시 모사드 직원에게 물었다.

"한 달 월급이 얼마냐?"

"월급은 이야기해 줄 수 없다."

"밥값을 이렇게 많이 내려면 월급도 많이 받아야 되겠네!"

"그게 무슨 말이냐?"

"밥값이 30달러라면서?"

"하하하, 일 년에 30달러!"

깜짝 놀란 A는 궁금한 게 하나 더 생겼다. '국정원이나 국방부가 이러면 한국에선 난리도 아닐 텐데 ….' A가 모사드 직원에게 또 물었다.

"이스라엘 국민들은 모사드가 직원들에게 이런 대우를 해 준다는 것을 알고 있나?"

"당연히 알고 있다. 이스라엘에도 모사드를 비판하는 사람들은 '모사드가 국가를 위한다곤 하지만 깡패 같은 짓을 많이 하는 놈'으로 비난한다. 그러나 대부분의 이스라엘 국민들은 '모사드가 있어 이스라엘이 존재한다. 나라 위해 일하는 사람들에게 이 정도의 대접은 당연한 것'으로 생각한다." 한국의 어느 정보기관 직원 A는 2주간 길지 않은 모사드 출장에서 이렇게 두 번 놀랐다.

에피소드 셋. 어느 휴일 오후, A가 혼자 숙소 인근 해변을 거닐고 있었다. 산책하는 사람도 많지 않은 호젓한 해변에 어디서 나타났는지 40대 중반의 건장한 남성이 다가왔다. 어디에서 왔느냐고 물어 한국에서 왔다니 자기도 부산에 몇 년 살았다며 말을 이었다. 한국에 대해 이런 저런 내용을 물었고, 북한에 대해서도 궁금한 게 많은 것 같았다. 평범한 시민이 올 만한 장소도, 평범한 시민이 물을 내용은 더욱 아니었다. A의 숙소를 청소하는 사람이 네 명 있었다. 40대에서 60대 초반의 여성들이었는데, A의 방을 전담하는 50대 초반 여성이 유독 날렵했다. 영어도 유창하여 아침저녁으로 눈이 마주치면 먼저 말을 건넸다. 귀국이 가까워 올 무렵, 그 여성이 A에게 자기에 대한 좋은 평가를 부탁했다. 평가가 좋으면 회사와 고용계약을 연장할 수 있다고 했다. 그동안 친절하게 대해 주었던 것이 고마워 A가 종이에 몇 자 적어 주려니 굳이 메일로 보내달라고 했다. A는 완곡하게 거절할 수밖에 없었다. 모사드, 과연 명불허전이었다.

우표와 스파이

우표는 발행국의 문화적 이상과 역사적 서사 및 정치적 이념이 반영된 정부의 예술품이다. 발행국의 시각적 수사학을 국경을 넘어 전세계에 퍼뜨릴 수 있다는 점에서 우표는 인터넷 광고에 가깝다. 스파이는 우표의 이런 속성을 정보활동에 적용하여 우표를 전쟁 무기로 활용하는가 하면, 세상을 바꾸는 수단으로 이용하기도 했다. 스파이는 우표를 통해 자신의 메시지를 은밀하게 노출시켰고 우표를 통해 상대방이 숨긴 의도도 알아 챌 수 있었다.

2차 대전 중 프랑스 레지스탕스의 통신은 상당부분 우편에 의지했다. 그러나 받은 편지가 진짜 레지스탕스 동료가 보낸 것인지,

독일 방첩기관이 보낸 것인지 식별하기는 쉽지 않았다. 적잖은 레지스탕스 요원들이 독일의 함정수사에 걸려 체포되었다. 레지스탕스를 지원하던 영국 정보기관은 프랑스 우표를 위조했다. 레지스탕스 공식 지령 우편에는 영국에서 만든 위조 우표만 사용되었다. 독일은 전쟁이 끝날 때까지 우표 위조 사실을 까마득히 몰랐다. 우표가 전쟁에서 무기로 활용됐던 것이다.

1960년, 체코슬로바키아로 보낸 우편물들이 뜯지도 않은 채 미국으로 반송되었다. 받는 사람의 주소도 정확했고 내용물도 하자가 없었지만, 반송된 모든 우편물엔 반공주의자로 유명한 체코슬로바키아 초대 대통령 마사리크의 우표가 붙여져 있었다. 체코슬로바키아 대사관은 "우표를 체코슬로바키아에 반대하는 선전 수단으로 사용하고 있다"며 국무부를 강하게 비난했다. CIA의 문화공작은 일명 '자유의 챔피언(Champion of Liberty)'이었다. 정상적인 언론과 단절된 나라 사람들에게 우표 속 인물에 대한 기억을 통해 자유에 대한 의지를 강화시키려는 것이 공작의 목표였다. 자유 베를린의 상징적 인물이었던 전 서베를린 시장 로이터(Ernst Reuter)의 우표도 발행되었다. CIA는 1957년부터 1961년까지 남아메리카, 헝가리, 폴란드 등 외국 지도자 10명을 우표로 발행했다. 우표가 세상을 바꾸는 수단으로도 이용되었다.

1952년 프랑스, 서독, 이탈리아, 벨기에, 룩셈부르크, 네덜란드가 서유럽 방위를 목적으로 유럽방위공동체(EDC) 설립을 추진하고 있었다. 동독은 나폴레옹 군대에 대항하여 봉기를 주도했던 프로이센 군인 페르디난트 폰 쉴(Ferdinand von Schill)의 우표를 발행했다. CIA는 프랑스에 대한 독일의 민족주의 감정을 조장하기 위한 동독의 선전활동으로 분석했다. CIA 예측대로 프랑스는 독일에서 민족주의가 부활되는 것이 두려워 유럽방위공동체 조약의 비준을 거부했다.

　　1986년 2월, 헝가리가 미국 우주왕복선 챌린저호 승무원을 추모하는 우표를 발행했다. 부다페스트 주재 미국 대사는 '이념적 장벽을 넘은 인도적 행위임이 분명하다'며 CIA 국장에게 우표 발행의 중요성을 강조하는 편지를 보냈다. 우표는 일반 시민은 물론 전 세계 모든 커뮤니티에 다가갈 수 있기 때문에 발행국의 정치적 메시지를 전파하는 수단뿐 아니라, 냉전시대 미국 정보기관이 소련 블록 국가의 숨겨진 의도와 정책에 대한 단서를 입수하는 수단으로도 사용되었다.

　　세계 최고의 폐쇄국가인 북한에서 우표는 우편물에 붙이는 단순한 증표가 아니라 특별한 의미를 외부로 표출하는 종이 메신저 역할을 하고 있다. 1946년부터 2020년까지 남한이 4,700여 종의 우표를 발행한 데 비해 북한은 무려 7,200여 종의 우표를 발행했다. 주요 정책이나 계기, 기념일이 있으면 그때마다 의미를 담아 발행했기 때문이다. 지난 2022년 10월 6일에는 '핵무력 정책 법제화' 기념 우표를 발행했다. 온라인 선전의 시대에도 우표가 여전히 공개정보(OSINT)의 대상임을 일깨워 주는 좋은 사례다. 스파이와 우표! 스파이에게 무관한 건 아무것도 없다.

김일성이 사랑한 스파이 성시백

8·15 광복 후 북한으로 귀국한 김일성에게 가장 절실한 대남 정보는 적국인 대한민국의 정부수립 동향 정보와, 정적(政敵)인 조선공산당 박헌영(朴憲永)의 견제 정보였다. 이때 김일성의 레이더망에 걸린 적임자가 성시백(成始伯)이었다. 성시백은 스파이 활동 경험이 풍부했고 임정(臨政) 계통 인물들과도 폭넓은 인맥을 형성하고 있었다. 중국공산당 당원으로서 박헌영의 조선공산당과는 어떤 인연도 없었다.

김일성은 중국공산당 주은래(周恩來) 총리에게 친서를 보냈다. "조선에는 당신과 같은 유명한 혁명가들이 많지 않다. 조선혁명을 완수할 수 있도록 성시백을 우리에게 넘겨 달라"고 애원했다. 서안(西安)

에 있던 성시백에겐 차관급 간부를 특사로 보냈다. "북조선 노동당의 대남공작원으로 활동해 줄 것"을 간곡하게 부탁했다. 중국공산당 비밀공작원 성시백은 이렇게 북조선노동당 대남공작원이 되었다.

김일성은 성시백에게 지극정성으로 공을 들였다. 성시백을 집으로 초대해 김정일의 생모 김정숙에게 직접 술과 밥을 내어 오도록 했다. 자신이 애용하던 금장 회중시계와 별도로 마련한 상아 물부리를 선물로 주었다. 성시백의 늦둥이 셋째 아들에겐 '자립(自立)'이라는 이름까지 지어 주었다. 2002년 4월 15일 김일성 생일 90주년에 출판된 김정일 회고록에도 성시백이 등장한다.

"1948년 여름 … 어린 내 동생이 정원에서 놀다가 못에 빠져 숨을 거두었다 … 그날 수령님께서는 남조선혁명가 성시백과 함께 나라의 통일문제와 관련된 중요한 담화를 나누고 계시었다 … 사고의 전말을 알려드리려고 어머님께서 들어갔다 나오신 다음에도 수령님께서는 웬 일인지 밖으로 나오지 않으시었다 … 수령님께서 밖으로 나오신 것은 그때로부터 퍽 시간이 흘러간 다음이었다. 성시백은 그제야 우리 가정에 어떤 불상사가 생겼다는 것을 깨닫고 부들부들 떨리는 손으로 수령님의 손을 부여잡았다 … '성 선생, 이러지 마십시오. 내 한 가정의 불행이 아무리 큰들 민족이 처한 분열의 위기에 비기겠습니까. 놀라게 해드려 안됐습니다' …."

김일성 찬양 일색의 일화들이긴 하지만 김일성과 성시백의 관계를 어느 정도 짐작케 하는 대목이다. 당시 김일성 측근에는 성시백만한 프로 스파이가 없었다. 나이도 성시백(1905년생)이 김일성(1912년생) 보다 일곱 살이나 많았다. 김일성과 성시백은 기본적으론 상하 관계였지만 절대적 지휘·복종 관계는 아니었다.

김일성의 전폭적 신뢰에 힘입어 성시백은 남한에서 엄청난 정보 활동을 전개했다. 1948년 4월, 김구(金九)를 설득해 평양에서 진행된 남북연석회의를 성사시켰다. 1948년 가을, 반미의식을 가지고 있던 국회의원 십여 명을 포섭했다. 소위 '국회 프락치 사건'으로 알려진 이 사건은 1997년 5월 26일자 『노동신문』이 성시백의 공작이었음을 폭로했다. 1949년 5월, 국군 2개 대대 500여 명을 38선을 통해 월북시켰다. 1949년 8월에는 장개석과 이승만의 경남 진해 극비회동과 1950년 2월, 이승만과 맥아더의 도쿄 비밀회담 내용도 입수했다.

1946년 11월 중국에서 귀환한 후 1950년 5월, 남한의 방첩기관에 검거될 때까지 성시백의 3년 6개월 대남공작원 활동은 한반도의 역사를 바꾸어 놓았다. 남한 방첩기관에서 성시백이라는 이름은 잊을 수 없는 트라우마가 되었지만, 북한에선 '대남공작의 원조(元祖),' '대남공작의 대부(代父),' '대남공작의 전설'이 되었다. 성시백은 자기를 알아주는 김일성을 위해 목숨을 바쳤다. 스파이를 움직이는 가장 큰 힘은 스파이에 대한 공작관의 신뢰다.

잠자는 스파이, 박지원 그리고 김일성의 비밀교시

어영대장 이완이 묻고 허생(許生)이 답했다.

"남의 나라를 치고자 한다면 먼저 첩자를 쓰지 않고는 여태껏 성공한 예가 없었네 …. 나라 안의 자제들을 뽑아 머리를 깎이고 되놈의 옷을 입혀 들여보내고, 지식층은 빈공과를 보도록 하게. 백성들은 장사꾼으로 멀리 강남에까지 들어가 그들의 모든 허실을 염탐하고, 그 고장 호걸들과 친분을 맺어 둔다면 그때야말로 군사를 일으키고 천하대사를 꾀하여 옛날의 수치도 씻을 수가 있을 것이네."

대남공작일꾼이 묻고 김일성이 답했다.

"남조선에는 고등고시에 합격되기만 하면 행정부, 사법부에도 얼마든지 파고들어 갈 수 있는 길이 열려 있습니다 …. 앞으로는 검열된 학생들 가운데 머리 좋고 똑똑한 아이들은 데모에 내몰지 말고 고시 준비를 시키도록 해야 하겠습니다. 열 명을 준비시켜서 한 명만 합격된다 해도 소기의 목적은 달성됩니다. 그러니까 각급 지하당 조직들은 대상을 잘 선발해가지고 그들이 아무 근심 걱정 없이 고시공부에만 전념할 수 있도록 물심양면으로 적극 지원해 주어야 하겠습니다 …. 중앙정보부나 경찰조직에도 파고들 수 있는 구멍이 있습니다. 공채 시험을 거쳐 들어갈 수도 있고 학연·지연 등 인맥을 이용하는 방법도 있습니다."

200여 년 전 박지원(朴趾源)의 호방하고 원대했던 기상이 『허생전』의 북벌(北伐) 책략에 생생하게 살아있다. 현대사에서 유례를 찾기 어려운 김일성의 50년 장기집권 자신감이 비밀교시에 고스란히 녹아있다. 지도자라면 한 세대 30년 정도는 기다릴 줄 아는 배포가 있어야 한다. 이 정도 경지에 이르면 스파이 활동도 예술이다. 합법 신분만 취득하면 된다. 그저 보통 사람으로 살아가면 된다. 권력이나 영향력이 있는 사람들과 네트워크를 형성하기만 하면 된다. 지령이나 보고도 필요 없다. '잠자는 스파이'(Sleeper Agent), 즉 '장기잠복 공작원'을 두고 하는 말이다. 『간첩의 짧은 역사』(Short History of Espionage) 』를 쓴 앨리슨 인드(Allison Ind)는 '잠자는 스파이'를 가리켜 '평화 시기에는 순진한 커뮤니티에서 활동하지만 전쟁이 시작되면 파괴활동을 일삼는 자'라고 했다.

2010년 6월 26일, 러시아 해외정보국의 '알렉산드르 포테예프' 대령이 미국으로 망명했다. 다음날인 6월 27일, FBI는 사망한 미국인의 신분을 도용한 러시아인 10명을 '잠자는 스파이'로 체포했다. 하버드·뉴욕·워싱턴 등 명문 대학을 졸업하고, 교수·저널리스트·금융회사 부사장·부동산회사 사장 등으로 활동하고 있는 전형적인 미국의 중산층이었다. 이중 몇 몇은 '앨 고어' 및 '힐러리 클린턴'과 네트워크를 가지고 있었지만, 대부분 기밀정보에는 접근할 수 없는 자들이었다. 본인들의 자백이 없고 러시아가 이들의 추방을 받아들이지 않았더라면, 누구도 이들을 스파이로 볼 수 없는 지극히 평범한 미국 시민들이었다.

2022년 7월 2일 국가정보연구회 세미나에서 전직 국정원 고위 간부가 묻고 전직 정찰총국 김국성 대좌가 답했다.

"80년 가까운 그 장구한 세월동안 북한은 0.01밀리미터의 변화도 없이 남조선 해방이라는 대남공작을 변함없이 전개해 오고 있다. 북한 대남공작기관은 김일성 김정일 김정은 세습체제가 이어지면서 오히려 점점 더 진화 · 발전되고 있다. 대한민국 국정원과 북한 정찰총국의 역량을 비교하라면 나는 언제든 거침없이 정찰총국의 손을 들어 줄 것이다."

김일성은 1973년 대남공작 비밀교시 이후 20여 년을 더 살았다. 김일성이 죽고서도 다시 한 세대가 더 지난 지금까지도 북한에선 여전히 김일성의 유훈통치(遺訓統治)가 힘을 받고 있다. 김일성의 잠자는 스파이! 언제 깨어날지, 아니면 이미 깨어나 활동하고 있는지도 모를 일이다.

엘리 코헨은 알아도 최덕근은 모른다

모사드(Mossad)는 표적암살로 유명하다. 1972년 10월 16일 로마에서 살해된 팔레스타인 사람 '와엘 즈웨이터(Wael Zwaiter)' 사체에서 11발의 총알이 발견되었다. 한 달 전인 9월 5일 뮌헨에서 살해된 이스라엘 선수 1명당 1발씩이었다. 1발은 정확하게 머리에 박혀있었다. 그때부터 '모사드'라는 이름은 복수, 대담함, 잔인함의 동의어가 되었다. 모사드는 이스라엘의 적(敵)은 지구 끝까지라도   아가 죽이는 조직으로 이미지화 되었고, 아랍인들은 모사드에 공포를 느꼈다. 누군가 의문의 죽임을 당할 때마다 모사드가 언급되었다. 모사드를 소재로 한 소설과 영화, 드라마가 만들어지기 시작했다. 모사드의 새로운 신화가 창조된 것이다.

엘리 코헨은 모사드 스파이다. 사업가로 위장하여 시리아 군부에 침투했으나, 1965년 1월 체포되어 그해 5월 18일 다마스커스 광장에서 처형되었다. 이스라엘 국방장관 '모세 다얀(Moshe Dayan)'은 "엘리 코헨의 정보가 없었더라면 골란 고원 점령은 영원히 불가능했을지도 모른다"며 엘리 코헨을 추앙했다. 코헨은 중령으로 추서되었고, 국립묘지에 추모 석판이 설치되었다. 모사드의 직간접 후원으로 다양한 언어권에서 엘리 코헨의 전기·소설·영화·드라마가 만들어졌다.

1987년 영국에서 제작된 「더 임파서블 스파이(The Impossible Spy)」는 알 아라비야 네트워크를 통해 아랍권 지역에도 방영되었다. 2019년 프랑스에서 제작된 미니 시리즈 「더 스파이(The Spy)」는 넷플릭스를 통해 전 세계에 방영되었다. 2020년 알 자지라는 「모사드 에이전트 88(Mossad Agent 88)」을 아랍권 전역에 방영했다. 엘리 코헨을 전설로 만든 것은 모사드였지만, 모사드를 세계 최고 정보기관으로 만든 것은 엘리 코헨이었다.

1996년 9월 18일 강릉 앞바다에서 좌초된 북한 잠수함의 무장공비들이 우리 군경과 총격전을 벌이는 준전시상태가 보름 가까이 이어지고 있었다. 북한은 연일 방송을 통해 협박조로 '백배, 천배 보복'을 천명하고 있었다. 10월 1일 20시 45분경, 블라디보스톡 최덕근 영사가 자신의 아파트 3층 계단에서 숨진 채 발견되었다. 시신에서 북한 공작원들이 독침에 사용하는 '네오스티그민 브로마이드' 독극물 성분이 검출되었다. 두개골은 함몰되었고 오른쪽 옆구리에 두 차례 독침 자국이 발견되었다. 당시 최 영사는 백 달러 위조지폐의 유통경로를 추적하고 있었고, 북한인으로 추정되는 30세 전후 용의자 3명이 현장에서 목격되어 정황상 북한의 암살로 추정되었다.

최덕근은 사후 이사관(2급)으로 추서되었고 보국훈장 천수장이 수여되었다. 이것으로 끝이었다. 우리 정부는 러시아에 수사 독려 공문만 몇 차례 보냈을 뿐이었다. 2011년 10월 1일 공소시효가 만료되었다. 우리 정부의 이의 제기로 2012년 10월 수사 재개는 결정되었지만, 범인 검거는 여전히 기대하기 어렵다.

최덕근은 국정원 순직자 중 유일하게 공개된 인물이다. 그럼에도 인터넷에는 최덕근에 대한 잘못된 정보가 26년째 그대로 방치되고 있다. 많은 젊은이들이 엘리 코헨은 알아도 최덕근은 모르고 있다. '엘리 코헨은 들어봤지만 최덕근은 듣도 보도 못했다'는 것이다. 윤석열 대통령은 국정원을 모사드 수준으로 끌어올려야 한다고 강조했다. 김규현 신임 국정원장도 국정원을 이스라엘 모사드처럼 개혁하겠다고 말했다. 모사드에 엘리 코헨이 있다면 국정원엔 최덕근이 있다. 며칠 있으면 최덕근 순국 26주년이다. 최덕근이 국정원의 엘리 코헨이 된다면 국정원은 저절로 한국의 모사드가 될 것이다. 대통령이나 국정원장의 진정성을 느껴보고 싶다.

히로시마 원자폭탄 투하와 OSS 심리전

'오 소 소셜(Oh So Social),' '오 소 스너비(Oh So Snobby).'

1942년 6월 미국 최초의 중앙 첩보기관으로 창설된 OSS(전략사무
국, Office of Strategic Services)의 닉네임이다. '인맥이 좋은 놈들'과 '고
상한척 하는 놈들' 정도로 번역될 수 있다.

과학자 마리 퀴리의 딸 이브 퀴리, 은행가 폴 멜런, 사업가 알프
레드 듀퐁, 심리학자 칼 융, 변호사/작가 월터 로드, 노벨상 수상자
랠프 번치, 할리우드 감독 존 포드, 요리 연구가 줄리아 차일드, 영
화배우 스털링 헤이든, 야구 선수 모 버그, 대법원 판사 아서 골드버
그, 집적 회로 발명가 제이 킬비, 역사가 아서 슐레진저, 경제학자 월

트 로스토, 건축가 이로 사리넌 등, OSS는 당대 최고 인재들의 집합체였다. 남자들은 대부분 '아이비리그(Ivy League)' 출신이었고, 여자들은 '아이비리그'의 자매(姉妹)격인 배서(Vassar)여대 출신이 많았다.

1차 세계대전의 영웅이며 컬럼비아 대학 로스쿨 출신 뉴욕 변호사였던 도노반(Donovan) 장군이 OSS를 창설하면서 그와, 동부 명문 로즈메리 홀(Rosemarry Hall) 출신에 부유한 가문의 상속녀였던 부인 루스(Ruth)의 인맥이 대거 참여했던 것이다.

나중에 '스파이 걸'로 유명해진 베티 매킨토시(Betty Mcintosh)도 도노반의 인맥으로 1943년 OSS에 합류했다. 도노반은 하와이에 살면서 일본어가 유창한 젊은 여성 저널리스트를 심리전에 배치했다. 기자와 방송인, 예술가, 만화가 및 작가 등, 자유로운 영혼에 상상력이 풍부한 인물들이 베티와 함께 사무실을 어슬렁거렸다. 유니폼은 헐렁헐렁하게 입었고, 누가 방에 들어와도 경례를 하는 법이 없는 부서였다.

심리전 부서의 주요 임무는 일본군의 사기를 떨어뜨리기 위한 허위 정보 보고서·엽서·라디오 메시지를 만들어 유포하는 것이었다. 이중 가장 효과가 큰 선전 매체는 라디오였다. 라디오는 적군의 막사나 집, 해군 함정에 특별한 방해 없이 바로 침투할 수 있는 가장 단순하면서도 효율적인 매체였다. OSS는 12개 이상의 흑색방송국을 세웠다. 베티는 중국의 쿤밍 흑색 방송국에서 활동했다. 방송을 듣는 사람들에게 일본이 곧 전쟁에서 질 거라는 느낌을 주려고 노력했다.

쿤밍 방송국에 은둔자(Hermit)라는 코드네임의 점성술사가 진행하는 프로그램이 있었다. 별의 움직임을 관찰하여 미래를 예측하는 인기 프로그램이었다. 시나리오 작성을 앞두고 토론이 벌어졌다.

"일본에 지진이 일어날 거라고 합시다."
"지진 발생은 일본 사람들에게 그다지 큰 사건이 아니에요."
"그럼 쓰나미는 어때요?"
"그것도 일본에선 흔한 일입니다. 좀더 쇼킹한 소재가 필요합니다"

1945년 8월 6일 방송이 나갔다. 점성술사가 "일본에 머지않아 끔찍한 일이 일어날 것입니다. 별들의 움직임으로 볼 때 일본의 한 지역 전체를 없애버릴 정도로, 언급조차 무서운 일이 하늘에서 내려올 것입니다"라며 섬뜩한 예측을 했다. 베티가 낸 아이디어가 시나리오로 채택되었던 것이다. 방송이 나간 바로 그날 오전 8시 15분, 일본 히로시마에 34만 인구 중 14만을 사망케 한 원자폭탄이 투하되었다. 베티의 아이디어와 거의 정확하게 일치했다. 히로시마 원자폭탄 투하는 1급 비밀이었고, OSS 누구도 몰랐다. 우연의 일치였다.

베티는 1945년 9월 OSS 해산 후 몇 군데서 경력을 쌓다 1959년 다시 CIA로 돌아왔다. 1973년 퇴직한 이후에도 'OSS 소사이어티(OSS Society)' 등 정보 커뮤니티 활동을 하다 100세 생일에서 몇 달 지난 2015년 6월 8일 사망했다.

"CIA 문화는 OSS와 조금 달랐어요. CIA는 약간의 관료주의가 자리 잡고 있었고 어떤 사람들은 상상력이 없었어요."

정보기관에 대한 베티의 통찰이다.

그레이 맨

마크 그리니의 동명 소설을 원작으로 한 「그레이 맨」이 2022년 7월 13일 개봉되었다. CIA 암살 요원 코트 젠트리가 우연히 CIA의 부패한 비밀을 알게 되면서 벌어지는 블록버스터 액션물이다. 부패의 연결고리인 CIA 부서장 카마이클, 그의 지시로 젠트리를 좇는 전직 CIA 요원 로이드 핸슨, 거대 국가 권력으로부터 자신과 지인을 지켜야 하는 젠트리의 긴장관계가 광대한 스케일과 현란한 특수효과에 묻혀버렸다. 넷플릭스 영화 사상 역대 최고인 2억 달러의 제작비가 들었다는데, 백첩 반상에 선뜻 젓가락 가는 곳이 없었다.

본래 이름인 코트 젠트리는 모친 사망 후에는 별로 불린 적이 없였다. CIA 입사 초기에는 '바이올레이터(Violater)'라는 코드네임으로 살았다. 9·11이후 특수 작전팀이 편성되면서 '시에라 6(Sierra Six)'라는 호출 부호가 코드네임을 대신했다. 그러다 국가권력에 쫓기면서 '그레이 맨(Gray Man)'이라는 별명을 얻었다. 자신의 진짜 신분과 자질을 숨긴 채 탐색자의 눈에 띄지 않고 군중 속에 섞일 수 있는 남자. 젠트리는 그렇게 그레이 맨이 되었다.

평일 점심시간 붐비는 식당에 CIA 교육생이 들어간다. 교육생은 주인과 웨이터의 눈에 띄지 않고 5분 동안 앉아 있어야 한다. 웨이터가 물 한잔이라도 갖다 주면 불합격이다. 교육생은 그 시간, 그 식당에 가장 어울리는 평범한 외모와 행동으로 주인과 웨이터의 주목을 받지 않아야 한다. CIA의 '그레이 맨' 교육이다. 그레이 맨 관점에서 보면 제임스 본드 007은 튀어도 너무 튄다. 턱시도에 클래식한 정장, 시계는 롤렉스와 오메가, 샴페인은 돔페리뇽 아니면 볼랭저, 이름은 절대 숨기는 법이 없고 항상 여자를 달고 다닌다. 현실세계와 영화의 차이다.

그레이 맨을 쫓는 한센은 하버드를 졸업한 인재다. 그러나 규정이나 프로토콜을 존중하지 않는 소시오패스적 성향 때문에 입사 5개월 만에 CIA에서 쫓겨난다. 민간정보회사를 차려 하버드 동기생인 카마이클의 정보 파트너로 활동하지만, 정부기관이 공식적으로

하기 힘든 고문이나 불법 사찰에서 두각을 나타낸다.

　실제로 9·11이후 미국에서는 민간정보회사가 많이 생겨났다. 업무 영역도 정보수집, 디지털 포렌식, 빅데이터, 신원조사, 위기관리, 인질 협상, 경호는 물론 군사 분야로 확대되었다. 법적 시비가 예상되는 조사 분야에서도 민간분야의 아웃소싱이 행해졌다. CIA는 9·11 이후 테러 용의자들에게 수면박탈, 감각박탈과 같은 강화된 조사기법을 허용했다. 그러나 이러한 기법은 국내에서 국가기관이 사용하기에는 논란이 예상되었다. CIA는 탈법적 수단을 강구해야 했다. 유럽·아프리카·중동·아시아의 여러 우방국에 'CIA 비밀감옥'이라고 불리는 블랙 사이트(Black Site)를 운영했다. 2004년 이라크 아부그라이드 수용소에서 미군이 이라크 포로를 학대한 사건이 드러났다. CIA가 포로 신문에 캐키(CACI)나 타이탄(Titan) 같은 민간정보회사 직원을 조사요원과 통역으로 채용한 사실이 확인되었다.

　마지막으로 핸슨에게 그레이 맨을 좇도록 지시한 카마이클은 입사 8년 만에 초고속 승진으로 부서장 자리에 올랐다. 윗사람에게는 맹목적 충성을, 아랫사람에게는 냉혈한으로 목적 달성을 위해서는 수단·방법을 가리지 않는 인물이다. 그레이 맨을 추적하는 과정에서 자행된 숱한 불법과 탈법에도 그는 면책을 받았다.

코트 젠트리와 로이드 핸슨, 그리고 카마이클은 세상 어느 정보기관에나 있을 법한 인간 군상들이다. 젠트리는 다시 그레이 맨으로 세상을 등졌고, 핸슨은 소용이 다하자 토사구팽 당했다. 결국 카마이클만 남았다. 세상은 남아있는 자 '카마이클'만 기억한다. 부조리한 세상이다.

이육사의 「청포도」와 정보요원

내 고장 칠월은 청포도가 익어가는 시절

… 중략 …

내가 바라는 손님은 고달픈 몸으로 청포(靑袍)를 입고 찾아온다고 했
으니 내 그를 맞아 이 포도를 따 먹으면 두 손을 함뿍 적셔도 좋으련
아이야, 우리 식탁엔 은쟁반에 하이얀 모시 수건을 마련해두렴

1932년 중국 남경의 유서 깊은 유원지 현무호(玄武湖), 9월 중순
이라곤 하지만 여전히 후덥지근한 날씨를 피해 사람들이 삼삼오오
뱃놀이를 즐기고 있는 가운데 보트 한 척이 피서객들에게서 멀찌감
치 떨어져 있다. 검은 선글라스를 쓴 30대 후반 남자가 둥근 안경

의 20대 후반 남자에게 조선의 정세, 철도망, 노동자와 노동조합의
수, 노동운동 방법 등에 대해 묻고 있다.

　김원봉을 만나고 한 달여 뒤, 육사는 의열단이 운영하는 남경의
'조선혁명군사정치간부학교'에 입학했다. 정치학, 경제학, 철학, 정
보학, 비밀공작, 암살, 사격, 폭탄제조 등 정보활동에 필요한 소양
과 기법을 배웠다. 이듬해 7월, 그는 '노동자층에 파고들어 공산주
의를 선전하여 노동자를 의식화시키라'는 임무를 띠고 서울로 잠
입했다. 『대중(大衆)』 창간호에 「자연과학과 유물변증법」, 「레닌주의
철학의 임무」를 기고했다. 이론적 무장을 스스로 다지는 동시에 뜻
을 같이할 청년 지식층에게 보내는 신호였다. 그러나 육사의 의열단
정보활동은 여기서 그쳤다. 동료의 배신 때문이었다. 경찰에 체포되
어 3개월 동안 조사를 받고 1934년 6월 23일 기소유예로 풀려났다.
육사가 가는 곳이면 그림자처럼 감시가 따라 붙었다. 교제 인물, 출
입처, 연락을 주고받는 사람, 여행지와 여행 목적 등 육사의 일거수
일투족이 감시와 검열의 대상이었다. 육사는 문화 활동에만 전념하
는 듯했다. 독립운동과는 담을 쌓고 아예 연을 끊어버린 것 같았다.

　해방을 불과 1년여 앞둔 1944년 1월 16일, 북경 일본 총영사관
감옥에서 육사가 순국했다. 독립운동에 사용할 무기 반입을 위해
1943년 4월 북경으로 건너갔다 체포되어 고문사한 것이다. 1934년

6월 기소유예로 풀려난 이후 1943년 4월 북경행까지 육사는 정중동(靜中動) 속에서 줄곧 암중모색하며 때를 기다리고 있었다. 1934년 이후 육사의 여러 산문(散文)에 자주 등장하는 '요양 여행'은 일제의 감시를 피하기 위한 위장 구실이었다. 독립운동자금의 모금과 전달, 정보활동을 위한 연출된 여행이었다.

"어느 날 꼭두새벽에 그 곳에서 해장을 하게 되었는데 그는 곱빼기로 연거푸 아홉 사발을 마시고도 끄덕하지 않는 것을 보고 나는 새삼 놀라지 않을 수 없었다. 그는 이렇듯 주량이 컸었다. 그러나 취하지 않는 주호였다. 밤이 새도록 마셔도 싫어하지 않았지만 떠들지도 않았다. 만취하면 조용히 잠자는 것이 고작이었다."

시인 신석초는 1939년 「청포도」를 발표할 무렵의 육사를 이렇게 기록으로 남겼다.

'배일사상, 민족자결, 항상 조선의 독립을 몽상하고 암암리에 주의(主義)의 선전을 할 염려가 있었음. 또 그 무렵은 민족공산주의로 전환하고 있는 것으로 본인의 성질로 보아서 개전의 정을 인정하기 어려움.'

기소유예로 풀려난 직후인 1934년 7월, 경북 안동경찰서가 작성한 육사의 형사기록이다.

육사는 '요양 여행'을 다녀야 할 정도로 병약하지 않았다. 육사는 자괴감과 모멸감으로 일제의 감시와 검열에 포박될 인물은 더더욱 아니었다. 육사는 시인이기 이전에 무장 독립투사였다. 독립의 열망을 말로만 노래한 것이 아니고 온몸으로 투쟁한 정보요원이었다.

내 고장 칠월은 청포도가 익어가는 시절

··· 중략 ···

내가 바라는 손님은 고달픈 몸으로 청포(靑袍)를 입고 찾아온다고 했으니 ···

육사가 바라던 손님? 독립투사를 의미하지 않았을까?

섹스, 로미오 그리고 북한

스파이 세계에선 불가능이란 없다. 국익이라면 수단 방법을 가리지 않는다. 도덕도, 사랑도, 이념도 거칠게 없다. 동서고금 모든 정보기관의 가장 강력한 수단은 사랑이었다. 인간을 조종하고 협박하는 가장 효과적인 방법은 섹스였다. 과거에도 그랬고, 앞으로도 그럴 것이다. 섹스를 스파이 활동에 가장 완벽하게 활용한 정보기관은 동독의 슈타지(STASI)였다. 1960년부터 1990년까지 80여명의 로미오(Romeo)가 서독에 침투했다. 헬무트 콜 수상 비서, 바이체커 대통령실 행정관, 미국 대사관 통역사, 연방정보국(BND) 부국장, 유럽경제공동체(EEC) 행정 보좌관, 외무성 공무원 등 최소 40명 이상의 줄리엣(Juliet)이 포섭되었다. 줄리엣은 어떤 대가도 바라지 않았다. 심수

봉의 '사랑밖엔 난 몰라'였다. 슈타지는 '쥴리엣 한명이 남자 외교관 10명보다 낫다'고 평가했다. 통독 직후 미국의 시사 주간지 『US 뉴스&월드리포트』는 슈타지를 냉전 당시 가장 효율적인 정보기관으로 선정했다.

슈타지의 타깃(target)은 서독의 기업·정부·의회·군대·정보기관에서 비밀정보에 접근 가능한 독신 여성이었다. 주변 친구가 전부 결혼해서 아이를 낳고 행복하게 사는 것을 지켜본 여성, 인생에 남자 한 명 없이 외롭고 공허한 삶을 살고 있는 여성이 이상적인 쥴리엣이었다. 슈타지는 쥴리엣의 상대역으로, 25세에서 35세 장정 중 지적이며 신사적인 매너의 로미오를 선발했다. 로미오는 쥴리엣이 좋아하는 음식과 자주 가는 장소에, 학창시절 짝사랑한 선생까지 연구했고, 버스 정류장과 식당, 영화관, 책방, 파티 모임 등에서 우연을 가장해 쥴리엣에게 접근했다. 순진한 시골처녀가 카사노바에게 걸려든 것이다. 지피지기(知彼知己)하니 백전백승(百戰百勝)이었다.

'로미오의 왕(King of the Romeos)'이라 불리는 볼프(Markus Wolf)는 1997년 자서전 『얼굴 없는 남자(Man Without A Face)』에서 성공한 로미오의 특성으로 호감 가는 인상(Was likeable), 분위기 메이커(Knew how to make himself the center of attention), 경청하는 태도(Listened well)를 꼽았다. 단계별 포섭 테크닉도 소개했다.

"당신이 먼저 그녀에게 가지 말고, 그녀가 먼저 당신을 찾도록 만들어라. 파티 참석자들에게 술과 음료를 사고, 스스럼없는 농담으로 분위기를 주도하라. 그녀는 어느새 당신 곁에 와 있을 거다. 첫 만남 후 관계가 깊어지면 프러포즈를 하고, 스파이라고 당신의 신분을 당당히 털어 놓아라. 단, 이때도 캐나다나 덴마크 같은 우방국 스파이로 신분을 위장해라. 마지막 단계로, 당신과 헤어지기 싫은데 실적이 부진해서 본국으로 소환될지 모른다고 걱정하라. 이제 당신은 그녀가 자발적으로 정보를 제공해 줄 때까지 그저 기다리기만 하면 된다."

눈 하나 깜짝 않고 115명이 탑승한 민간 항공기를 폭파하고 백주대낮에 세계인이 지켜보는 외국 공항에서 최고 집권자의 형을 살해했다. 그러면서도 77년 역사에서 목표와 전략이 단 한 차례도 바뀐 적 없는 전문가 집단이 있다. 바로 북한의 정보기관이다. 이런 기관이 슈타지의 로미오 공작 같은 섹스(sex) 공작을 못할 이유가 없다. 2018년, 미인계로 미국 보수 정치권에 접근을 시도한 러시아 스파이가 검거되었다. 2022년 초, 역시 미인계로 영국 의회에 접근을 시도한 중국의 스파이 활동이 탐지되었다. 러시아와 중국이 하는 섹스 공작을 북한 정보기관이라고 자제할 이유는 없다. 정치인과 종교인, 언론인, 사업가, 시민단체 활동가, 교육계, 문화계, 군인, 공무원, 대학생뿐 아니라 심지어 정보기관원까지 북한의 섹스 공작에서 완전 자유로울 수 있는 사람은 누구도 없다.

너무 완벽해 인생을 망친 일본 스파이

'꽃은 벚꽃이요, 사람은 사무라이.' 절정의 순간 스러져 사라지길 원했던 마지막 사무라이가 81세 나이로 요양원에서 쓸쓸하게 죽어갔다. 너무 완벽한 정보활동으로 오히려 인생을 망쳐버린 스파이, 요시카와 다케오(吉川猛夫)였다.

1941년 12월 7일 일요일 아침, 일본이 진주만 기지를 기습했다. 미국 전함 7척이 격침되고, 11척이 파손되었다. 비행기는 188대가 격추되고 159대가 파손되었다. 2,400명 이상의 군인이 목숨을 잃었고, 1,178명이 부상을 입었다. 미국 역사상 가장 큰 군사적 재난이었다. 이에 비해 일본은 비행기 29대와 소형 잠수함 5척이 실종되었고, 사망자도 64명에 불과했다.

일본의 완벽한 공습 뒤에는 하와이 일본 총영사관 부영사 모리무라 타다시(森村正)가 있었다. 모리무라는 1941년 3월 부임이후 진주만 모든 함정들의 출입 상황, 접안 위치, 히컴(Hickam) 비행장 항공기 배치 상황들을 세세하게 도쿄에 보고했다. 기습 하루 전날은 공습에 결정적 장애물인 공습 방해용 대형 풍선이나 항공모함이 없다는 사실까지 알렸다.

모리무라는 1933년 해군사관학교를 졸업한 요시카와 다케오였다. 외교관으로 위장하면서 외국인이 발음하기 어렵도록 '모리무라'라는 이름을 사용했다. 머리도 길렀다. 총영사를 제외하곤 누구에게도 정체를 밝히지 않았다. 드라이브와 보트를 즐기고 밤이면 요정에서 살았다. 야외로 나갈 때도 쌍안경이나 카메라는 휴대하지 않았고, 메모나 스케치도 하지 않았다. 오직 머리로만 기억하고, 전화에선 의심받을 이야기는 일체 하지 않았다. 진주만 기습 직전 도쿄 지시로 영사관의 모든 서류는 소각했다. 모리무라를 유력인사 아들로, 놀기 좋아하는 한량(閑良)쯤으로 평가했던 FBI는 5개월 억류기간 중에도 요시카와의 간첩 증거를 끝내 찾아내지 못했다.

1942년 8월, 미국에서 추방된 요시카와가 고향으로 돌아왔지만 훈장도 환영행사도 감사편지 한 장도 없었다. '영웅의 귀환'치곤 너무 쓸쓸했다. 친정인 해군 정보부대로 복귀한 요시카와는 이듬해

결혼을 하고, 내근활동을 하다 1945년 8월 종전을 맞았다. 비록 전쟁은 끝났지만 패전국 스파이에겐 가혹한 운명이 기다리고 있었다. 미국인에게 진주만 공습은 치욕이고 악몽이었다. 전범(戰犯)으로 처벌받을 것이 두려웠던 요시카와는 다시 이름을 바꾸고 시골로 숨어들었다. 불교 승려 행세를 하며 이리저리 떠돌던 요시카와는 1952년 미군의 일본 군정이 끝나서야 겨우 가족의 품으로 돌아올 수 있었다.

1953년, 『에히메(愛媛)』 신문에 요시카와의 스파이 활동이 보도되었다. 일본은 미국과의 전쟁으로 끔찍한 대가를 치렀다. 200만 명 이상이 전쟁에서 사망했다. 히로시마와 나가사키의 원폭으로 20만 명 이상이 목숨을 잃었다. 일본에 그런 끔찍한 결과를 초래한 사람과 관계를 맺으려는 사람은 거의 없었다. 요시카와가 시작한 사탕 사업은 얼마 못가 실패했다. 살 길이 막막했던 요시카와는 연금을 신청했지만 정부는 "일본은 미국에 스파이 활동을 한 사실이 없다"며 매몰차게 거절했다. 요시카와는 이제 사업을 할 수도, 직장을 구할 수도 없었다. 늙은 아내가 보험을 팔아 번 돈으로 하루하루 살아가는 수밖에 없었다. 역사상 가장 성공한 스파이 중 한 사람이었던 요시카와는 평생 그렇게 실업자로 불명예스럽게 살다 갔다.

막이 내렸다. 관객이 모두 돌아간 텅 빈 무대, 군국주의 시대 자기 역할에 누구보다 충실했던 한 스파이가 자조적인 독백을 한다.

"나는 사무라이로서 내 의무를 다했을 뿐인데 …
사회는 나를 버렸고, 국가는 나를 배신했다.
오직 내 아내 한 사람만 나를 존경해 주었을 뿐."

실패로 끝난 아라파트 최면 암살

폭풍우가 몰아치고 비가 억수같이 내리는 겨울 밤, 모사드 공작원 한 명이 요르단 강을 건너고 있다. 공작관은 강둑에서 쏟아지는 비를 온 몸으로 맞으며 공작의 성공을 기도하고 있고, 공작원은 급류를 헤치며 나아가는 중에도 권총을 꺼내 누군가를 저격하는 제스처로 작별 인사를 대신한다.

요르단 국경 도시 카라메(Karameh) 경찰서로 물에 흠뻑 젖은 한 사내가 찾아왔다. 사내는 이스라엘 정보기관이 자신에게 파타(Fatha, 팔레스타인 민족해방운동) 지도자 아라파트(Yasser Arafat)를 암살하도록 최면을 걸었다며 지난 7개월 동안 모사드에서 겪었던 일을 털어 놓았다. 사흘 뒤 '파타'에 인계된 사내는 아라파트를 열렬히 지지한다는 연설까지 했다. 사내는 폭풍우 속 요르단 강가에서 공작관과 비장한 작별인사를 나누던 바로 그 공작원이었다.

1968년 5월, 이스라엘 해군 소속 심리학자 샤리트(Binyamin Shalit)는 「맨츄리안 캔디데이트(Manchurian Candidate)」라는 미국 영화에서 영감을 얻었다. 1962년 개봉 당시엔 시선을 끌지 못한 영화였는데, 이듬해 캐네디 대통령이 암살되면서 유명해지기 시작한 영화였다. 중국 정보기관이 한국전에 참전한 미군 포로를 최면으로 세뇌시켜 미국 대통령 후보를 암살한다는 내용이었다. 샤리트는 자신도 이 영화처럼 포로를 세뇌시켜 암살자로 만들 자신이 있었다. 샤리트는 신벳·아만 등 정보기관 관련자들을 설득하기 시작했고, 어렵사리 승인을 받아낼 수 있었다. 샤리트는 수감 중인 수천 명의 팔레스타인 포로 중 특별히 영리하진 않지만 남의 말을 잘 듣고 아라파트에 대해 상대적으로 덜 호의적인 포로를 대상자로 선택했다. 베들레헴 출신의 28살 건장한 사내였다. '파티(Fatkhi)'라는 코드명도 부여했다.

'팔레스타인 민족해방운동은 좋다(Fatha good), 팔레스타인 해방기구는 좋다(PLO good), 아라파트는 나쁘다(Arafat bad), 아라파트는 반드시 제거되어야 한다(He must be removed).' 첫 단계로 '파티'의 뇌리에 팔레스타인 민족주의에 대한 긍정적 메시지와 아라파트에 대한 부정적인 메시지를 심었다. 두 달쯤 지나자 '파티'가 메시지를 받아들이는 것처럼 보였다. 다음 단계로 아라파트의 사진을 구석구석에 붙여놓고 샤리트의 명령이 떨어지면 거의 반사적으로 아라파트의 미간(眉間)에 총을 쏘는 훈련을 시켰다. 몇 달이 지나자 파티는 샤리트의 지시에 일고의 여지없이 기계처럼 따르게 되었다. 샤리트는 파티의 최면상태가 최적이라고 판단했다. 1968년 12월 19일, 샤리트는 파티에게 요르단 강을 건너 아라파트를 암살하라고 지시했다. 파티는 한 치 망설임 없이 폭풍우 몰아치는 요르단 강으로 몸을 던졌다. 그러나 그가 찾아간 곳은 팔레스타인 민족해방운동의 아라파트가 아닌 요르단 경찰이었다.

의지에 반한 최면상태 유도는 불가능하다. 최면상태라도 도덕적·윤리적 문제를 야기할 수 있는 행동은 유도하기 어렵다. 최면에 대해 일반적으로 알려진 사실이다. 이스라엘의 유명한 탐사 저널리스트 로넨 버그만은 표적 암살의 비밀 역사를 다룬 『일어나 먼저 죽여라(Rise and Kill First)』에서 '최면을 이용한 모사드의 아라파트 암살 공작'을 수준 이하의 우스꽝스런 공작이라며 평가절하했다. 그러나 돈·권력·시간 등 자원이 충분하고 시나리오가 정교하고 치밀하게 짜여진다면 전혀 불가능하지도 않다는 것이 최면 전문가들의 시각이다. 실패한 공작은 드러나지만 성공한 공작은 드러나지 않는 것이 공작의 세계다. 영화보다 더 영화스러운 일이 일어날 수 있는 세계가 현실 속 스파이 세계다.

스파이 마스터들의 위대한 별명

'C'
'얼굴 없는 남자(Man without a face)**'**
'피의 지나(Gina)**'**
'공포의 이세르(Isser the Terrible)**'**

서스펜스 스릴러 영화의 제목이 아니다. 세계사의 한 획을 그은 스파이 마스터들의 위대한 별명이다.

007 시리즈를 보면 영국 해외정보국(SIS) 국장은 항상 'M'이라는 이니셜로 불린다. 그러나 현실에서는 'M'이 아니고 'C'로 불린다. 초대 국장 '맨스필드 조지 커밍(Mansfield George Cumming)'은 자기에게 온 모든 문서에 언제나 자기 성(姓)의 이니셜인 'C'로 서명을

했다. 후임 국장도 익명성을 유지하고 전임자를 존경한다는 의미로 'C'로 서명을 이어갔다. 이런 관례는 전임 'C'에서 후임 'C'로 계속 이어졌고, SIS 국장은 'C'라고 불리는 전통이 세워졌다. SIS를 배경으로 한 존 르 카레(John Le Carre)의 첩보소설 『팅커 테일러 솔저 스파이』에서 국장이 컨트롤(Control)이라 불리는 것도 이니셜 'C'에서 유래한 것이다.

'마르쿠스 볼프(Markus Wolf)'는 34년간 동독 해외정보국(HVA) 국장으로 활동하면서 4000여명의 스파이 네트워크를 구축했다. '로미오 공작(美男計)' 등 기상천외한 스파이 기법을 개발해 나토 본부와 서독 수상 비서실에까지 스파이를 침투시켰다. '스파이의 대부'로 명성을 떨쳤지만 서방 정보기관은 그와 관련된 정보가 없었다. 장군으로 진급되었다거나 당(黨)에서 생일을 축하했다는 기사 외엔 동독의 어떤 신문이나 잡지에서도 그의 사진을 발견할 수 없었다. 서방 세계는 그를 '얼굴 없는 남자(Man without a face)'로 부르기 시작했다. 시사주간지 『USA & 월드 리포트』는 냉전시대 세계에서 가장 유능한 정보기관으로 볼프의 HVA를 선정했다.

2018년 3월, 30년 베테랑 공작관 지나 해스펠(Gina Haspel)이 CIA 국장으로 지명되었다. 상원은 해스펠의 CIA 비밀감옥 책임자 전력을 문제 삼았다. 감옥에는 9·11 테러 이후 알카에다 테러 용의자들이 수감되어 있었고, 당시 합법적인 방법이었지만 많은 사람들이 고문으로 여겼던 워터보딩(Water Boarding) 같은 신문 기술이 사용되고 있었다. 공화당의 수장 콜린스 의원은 해스펠에게 트럼프가 지시하면 워터보딩을 다시 사용할 의향이 있는지 물었다. 해스펠은 "대통령이 나에게 그렇게 하라고 요구할 것이라고는 생각하지 않는다"라고 답변했지만 거절의사도 밝히지 않았다. 국익을 위해서라면 어떤 어려운 일도 마다하지 않아 '피의 지나(Bloody Gina)'로 불렸던 해스펠은 2021년 1월까지 CIA 최초의 여성 국장으로 재직했다.

'이세르 하렐(Isser Harel)'은 유대인 민병대 첩보조직 샤이(Shai)를 이끌면서 반유대 세력들에 대한 테러를 서슴지 않았다. 150센티미터 단신이지만 변칙적인 공작기법에 능하고 일처리가 과감하고 다부졌다. 따르는 사람도 많았지만 그만큼 적도 많았다. 사람들은 그를 '공포의 이세르(Isser the Terrible)'라 불렀다. 이스라엘 건국 후 국내 보안정보기관 신벳(shin bet)을 창설했고, 1952년에는 모사드(Mossad) 국장도 겸직했다. 1961년 유대인 학살 전범 아이히만을 아르헨티나에서 압송해 이스라엘 법정에 세운 후 처형시켰다. 모사드가 일약 세계적인 첩보기관의 반열에 오르면서 하렐은 모사드의 전설이 되었다.

스파이 마스터의 위대한 별명은 정보기관의 방향을 생각하게 한다. 문재인 집권 당시 어느 스파이 마스터의 별명이 불현듯 머리를 스친다. 실소를 금할 수 없다. 새로 출범한 윤석열 정부의 스파이 마스터는 어떤 별명을 얻게 될지 두고 볼 일이다.

명나라 스파이 사세용 그리고 조선인 포로 염사근

단 한 놈도 살려 보낼 순 없다는 이순신! 어떻게든 살아 도망가려는 시마즈 요시히로(島津義弘)! 임진왜란 최후의 결전이었다. 싸움이 급하니 나의 죽음을 알리지 말라! 이순신의 죽음과 시마즈의 탈출! 그 뒤에는 명나라 스파이 사세용(史世用)이 있었다.

1593년 6월 나고야에서 명(明)과 일본의 강화회담이 진행되고 있었다. 도요토미가 강화조건을 제시했다. 명의 황녀를 일본의 후비로 보낼 것, 명은 일본과 교역을 재개할 것, 조선의 4개 도를 일본에 할양할 것이 골자였다. 이듬해 2월 심유경이 중국에 회담결과를 보고했다. 조공만 바칠 수 있게 해주면 일본으로선 감지덕지한다는 내용이었다. 전쟁을 빨리 끝낼 욕심에 도요토미가 제시한 강화조건을 심유경이 임의로 위조한 것이었다.

명 조정이 여기에 속아 강화를 맺는다면 한강이남 경기, 충청, 경상, 전라가 일본에 넘어가게 되는 위기의 순간이었다. 바로 이때, 나고야 회담의 실상을 폭로하는 사세용의 첩보 보고가 조정에 도착했다. 회담은 결렬되었고, 심유경은 국서위조로 처형되었다. 사세용의 첩보 한 건이 임진왜란의 판세와 동아시아 역사를 바꾸어 놓았다.

사세용은 명 황제 직속 정보기관 '금의위' 소속 무관이었다. 1593년 7월 조정은 심유경의 강화회담을 감찰하기 위해 사세용을 사쓰마 번(藩)으로 밀파했다. 허의후, 곽국안 등 귀화 중국인들이 사세용의 눈과 귀가 되어 주었다. 명나라 스파이 사세용이 한반도 최초의 분단 밀약을 저지했다. 귀국 후 사세용은 일본 밀파 중 입수한 정보자료로 『왜정비람(倭情備覽)』이라는 정보 보고서를 발간했다. 그는 명·조선·일본의 정보공작활동에도 은밀히 관여했다. 임진왜란 최고의 격전 노량해전에서는 사쓰마 번의 '귀화 중국인 정보 네트워크'의 중재로 사쓰마 번주 시마즈에게 도주로까지 열어주었다.

한반도 최초의 분단 밀약 저지, 이순신의 죽음과 시마즈의 탈출 … 그 뒤에 명나라 스파이 사세용이 있었다. 그러나 사세용 뒤에는 조선인 포로 염사근이 있었다.

"나고야에서 우연히 만난 염사근은 우리가 세용과 함께 온 사정을 알고 편지 한 통을 세용에게 주라고 맡겼다 … 신(복건순안유방예)이 그 글을 보고는 모발이 위로 치솟아 즉시 적신(賊臣, 심유경 지칭)의 머리를 베어 사근(염사근 지칭)에게 사례하지 못함을 한탄했습니다 … 사근의 이 원서를 봉하여 도찰원에 보내 대조하게 한다면 유경을 처벌할 죄안으로 삼기에 충분할 것입니다 …."

1594년 사세용의 정보라인이 조정에 보고한 기록이다. 명은 강화회담의 실상을 폭로한 염사근의 행적을 기록으로 남기며, 염사근을 조선의 수재(秀才)로 칭했고, 지조 있는 인물로 소개했다.

"왜적이 서울에 들어오자 사근이 누이동생을 왜장 장성(長成)에게 바쳤다 … 장성을 따라서 바다 건너 일본에 와서 … 말하는 것이 장황하고 허풍이 많았는데, 겉으론 고국을 생각하는 체하나 속으론 일본을 위하는 것이어서 그 정상이 실로 통탄스러웠다 …."

1596년 일본 통신사 황신(黃愼)의 기록이다. 염사근에 대한 평가가 명과 조선이 달라도 너무 다르다. 당시 조선은 전쟁 중에 사로잡힌 피로인(被虜人)에 대한 차별과 냉대가 만연했다. 황신도 예외가 아니었다.

2000년 대 초반, 중국에서도 잘 알려지지 않았던 사세용이 한국의 저명 학술지에 게재되고, 공영방송에서 특집으로 다뤘다.

'조선에 온 중국 첩보원'이다. '중국판 007 사세용,' '중국도 믿으면 안 된다,' '일본은 이때부터 한국을 나눠먹을 생각했나?'

반응이 뜨거웠다. 그러나 염사근에 대해선 한 마디도 없었다. 국군 포로도 잊히는 판인데, 400여 년이 넘은 염사근이야 ….

CIA 비밀공작―『닥터 지바고』를 출판하라

끝없이 펼쳐진 시베리아 설원을 달리는 증기 기관차, 창백한 겨울 태양 아래 은빛으로 빛나는 자작나무, 얼음 궁전의 유리창 성에가 그린 기하학적 무늬, 별장 정원에 흐드러지게 핀 노란 수선화, 짙은 눈썹에 강렬하면서도 우수어린 지바고의 그윽한 눈빛, 비련으로 끝날 수밖에 없는 운명이기에 더욱 애절한 '라라'의 잿빛 눈동자, 발랄 라이카의 가슴을 저미는 듯 애수어린 선율 ⋯. 「닥터 지바고」는 한 폭의 수채화로, 절절한 눈빛으로, 감미로운 음악으로 기억되고 있다.

CIA 본부에는 요원들에게만 공개되는 비밀 박물관이 있다. 에니그마 암호화 기계, 반(半)잠수정, 잠자리 위장 무인기, 빈라덴의 AK―47 소총 ⋯. 70여 년 비밀스러운 CIA 공작 역사가 오롯하게 전시되어 있는 가운데 포켓용 소책자 두 권이 뜬금없다. 가로 3.5인치, 세로 5.5인치, 두께 0.75인치 페이퍼백. 보리스 파스테르나크의 『닥터 지바고』는 1959년 프랑스에서 인쇄되었다는 문구가 러시아어로 표기되어 있다. 『닥터 지바고』는 왜 CIA 비밀 박물관에 전시되어 있을까?

1958년 1월, CIA 본부에 영국 MI6가 보낸 필름 두 통이 도착했다. 소련에서 출판이 금지된 『닥터 지바고』의 원고를 촬영한 필름이었다. 전문가들은 이 소설이 '국가에 대한 정치적 충성에 관계없이 인간은 누구나 존중받을 자격이 있다는 인본주의적 메시지를 전한다'고 분석했다. 앨런 덜레스 CIA 국장은 심리전의 좋은 소재임을 직감했다. 마침 1958년 4월부터 9월까지 벨기에 브뤼셀에서 세계박람회가 개최될 예정이었다. 16,000명의 소련 관광객들이 벨기에로부터 비자까지 발급받은 상태였다. CIA로서는 절호의 기회였다. 9월 초, 네덜란드 정보기관(BVD)의 협조를 받아 헤이그 '무튼' 출판사에서 최초의 러시아어판 『닥터 지바고』를 전격 출판했다. 책은 즉시 벨기에로 옮겨졌고, 귀국을 앞두고 있던 소련 관광객들의 손에 곧바로 배포되었다. 일부 관광객은 책을 쉽게 숨기기 위해 표지를 뜯고 페이지를 나누어 주머니에 쑤셔 넣었다.

10월 중순, 러시아 소설의 전통을 계승했다는 공로로 파스테르나크의 노벨상 수상이 발표되었다. 노벨상을 받으려면 자국어 원작의 출판이 있어야 한다는 수상 위원회의 장애물을 CIA가 해결해 준 덕분이었다. 1959년, 오스트리아 비엔나에서 세계청년학생축전이 개최되었다. CIA는 책을 쉽게 숨길 수 있도록 사이즈를 줄이고 두 권으로 나눴다. CIA 비밀 박물관에 전시된 포켓용 페이퍼백 두 권은 이때 만들어진 책이다.

소련은 파스테르나크를 압박해 노벨상 수상을 포기하게 만들었다. '미국에 고용된 문학적 창녀'라고 비난도 서슴지 않았다. 그럴수록 『닥터 지바고』는 뉴욕타임스 베스트셀러 1위에 올랐고, 모스크바 암시장에서는 노동자 일주일치 임금에 거래되었다. 소련 시민들은 정부를 의심하기 시작했고, 국제사회에서 소련의 위상은 추락했다. 전 세계적으로 수백만 권의 책이 팔렸고, 1965년에는 영화로도 만들어져 그해 아카데미상을 5개나 수상했다.

소련에선 1988년이 되어서야 『닥터 지바고』가 출판되었다. 3년 후 소련이 무너졌다. 스탈린은 '영혼의 생산은 탱크의 생산보다 더 중요하다'며 문학의 강력한 정치성을 믿었다. 작가는 '영혼을 조종하는 기술자'라고까지 묘사했다. 냉전시대, 천만 권에 달하는 책과 잡지가 문화공작의 일환으로 CIA에 의해 철의 장막 뒤로 은밀히 배포되었으니 역사의 아이러니다. 데이터 수집과 사이버 감시, 그리고 무인 항공기에 집착하는 것이 요즘 정보기관의 대세라고는 하지만 소프트파워를 찾아내고 지원하는 것도 한번쯤 고려해 볼 만한 전략이다. 펜은 칼보다 강하니까.

내가 만난 스파이—007 제임스 본드는 없었다

한 손에 총을 든 채 문을 여는 동시에 스위치를 올렸다. 텅 빈 방이 그를 맞이했다. 저녁 식사 전 서랍에 끼워둔 검은 머리카락 한 올이 그대로 있는지 살폈다. 옷장 손잡이 안쪽에 희미하게 뿌려 놓았던 파우더의 상태를 확인했다. 변기 뚜껑을 열고 수위가 미리 표시해둔 그 높이 그대로 있는지도 점검했다. 완벽했다. 침입의 흔적은 보이지 않았다.

한 벌에 6천 달러짜리 슈트를 입고, 베스퍼 마티니(Vesper Martini)를 즐긴다. 밤새 수백만 달러를 도박으로 잃고도 눈도 깜짝 않는다. 어둠 속 310야드 거리에서 KGB 요원을 저격하는 사격 솜씨는 기본 중 기본. 40대 중반 나이에도 '시계 폭탄,' '글로벌 감시시스

템' 같은 첨단장비 조작도 능수능란하다. 아무리 바빠도 미녀와의 로맨스는 빼 놓을 수 없는 필수 코스.

'007 제임스 본드'는 MI6 요원이었던 이언 플레밍이 소설에서 창조한 스파이의 전형이다. 사무실에 있는 시간이 많았던 내근요원 플래밍이 생각한 이상적인 현장요원이었다. 비밀요원에게 술과 여자, 도박은 금단의 과일이요, 치명적인 독이다. 소설은 그저 소설일 뿐. 소설을 소설로 읽지 못하고, 영화를 영화로 보지 못했던 어느 정보기관장은 전날 저녁 방영한 스파이 드라마 이야기로 아침 회의를 시작했다. 참모들은 정보의 '정'자도 몰랐던 정보기관장이 어떻게 그렇게 빨리 정보 전문가가 될 수 있었는지 그 영민함과 통찰력, 박식함에 놀라움과 찬사를 보냈다. 정보기관장은 자기 요원들을 들볶기 시작했고, 정보기관은 망가지기 시작했다.

다음은 소설이나 영화가 아닌 현실 속 스파이들의 몇 가지 에피소드다. 북한 스파이들은 대개 집안도 좋고 장기간 전문 교육을 받아 자존심이 아주 강하다. 90년대 중반 직파된 스파이 한 명이 체포되었다. 은신처에서 독약 앰플, 무전기, 통신 문건, 권총이 발견되었다. 한 주일 쯤 지나 수사관과 정이 들락 말락한 어느 날, "체포될 당시 왜 권총을 휴대하지 않았느냐"고 물었더니 "죽기 싫어서! 총격전이 벌어지면 총 가진 사람이 먼저 죽잖아요"라더라. 찔러도 피 한 방울 나올 것 같지 않던 그가 인간으로 보이기 시작했다.

대제국을 거느려 본 영국 정보기관은 꼬장꼬장한 영국식 액센트에서 거만함이 저절로 묻어 나온다. 우방국과 정보협력도 원칙에서 절대 벗어나지 않는다. 한 쪽에서 밥을 사면 리턴 매치는 글로벌 인지상정인데도 리턴이 돌아오는 경우는 극히 드물다. 선물도 골프공세 개 아니면 축구공 하나! 마음 씀씀이가 쪼잔하다. 모범생 스타일이지만 지극히 실무적이다. 영화 속 '제임스 본드'와는 거리가 멀어도 한참 멀다.

자기 기관 출신이 대통령으로 있는 러시아 정보기관은 딱 자기 대통령을 닮았다. 일인지하 만인지상 안하무인이 몸에 배었다. 손님을 초청해 놓고 약속 시간을 지키지 않는 것은 흔하디흔한 일상. 손님은 뒷전인 채 스스로 상석에 앉아 자기 상사 기분 맞추는 데 급급하다. 화이트 요원들이 신분증을 까고 모처럼 스트레스 해소하는 술자리까지 카메라를 들이댄다. 선수들끼리 매너가 똥 매너다.

2500여 년 전 이미 정보활동의 교리를 완성한 중국 정보기관은 손님 대접은 성대한데 진짜 속마음은 알 길이 없다. 대접을 할 때도 복수의 요원이, 대접을 받을 때도 복수의 요원이 나온다. 한 사람이 말을 하면 한 사람은 받아 적는다. 서로가 서로를 견제한다. 이런 시스템에서는 주인이나 손님이나 누구도 선뜻 속마음을 내놓기가 어렵다.

정보기관의 별명—'수족관'과 '서커스'

정보기관의 별명에 관한 유머 세 가지.

"저 수족관에는 어떤 물고기들이 살고 있나요?"
"피라냐 한 종류만 살고 있지!"

스파이가 죽어 천국에 갔다. 베드로가 "너는 세상에서 무엇을 하다 왔느냐?"고 물었다. "잘 아시잖아요! 아무 말도 못해요."

서커스(circus)에서 일한다는 한 부부가 입양기관을 찾았다. 복지사는 서커스단에서 아이가 잘 자랄 수 있을지 걱정스러웠다. 이런 저런 질문 끝에 마침내 입양을 허가하기로 하고 마지막으로 물었다.

"몇 살짜리 아이를 입양하길 원하나요?"

"나이는 상관없습니다. 대포(cannon)에만 맞으면 됩니다."

웃음이 나오지 않는다면 다음 글을 더 읽어보자. 수족관(The Aquarium)은 사무실이 유리로 둘러싸인 곳이 많은 러시아 정보총국(GRU)의 애칭이고, '아무 말도 못해요(Never Say Anything)'는 미국 국가안보국(NSA)의 이름을 패러디한 것이다. 서커스(circus)는 '팅커 테일러 솔저 스파이'로 유명한 '존 르 카레'의 소설 속 영국 비밀정보부(MI6)가 있는 거리 이름(Cambridge Circus)이고, 대포(cannon)는 MI6를 연상시키는 은유적 표현이다. 소설 속 MI6 보스 '스마일리'의 사무실이 포탑(砲塔) 꼭대기 둥근 방으로 묘사되어 있다.

많은 나라 정보요원들이 거의 공통적으로 자기가 소속한 기관을 '회사(The Company),' '상사(The Firm)'라는 보통 명사로 표현하지만, 건물의 특징을 기관의 애칭으로 쓰는 곳도 적지 않다. MI6는 레고 블록을 쌓아 올린 듯하다고 '레고 랜드(Lego Land),' 고대 바빌론의 지구라트(ziggurat)를 닮았다고 '템즈의 바빌론(Babylon on Thames)'으로, 국가안보국(NSA)은 국회의사당 4개가 들어가고도 남을 정도의 엄청난 규모여서 '요새(The Fort)'로, 영국 정보통신본부(GCHQ)는 중앙에 큰 구멍이 뚫린 둥근 모양 때문에 '도넛(The Doughnut)'으로 부른다.

이외에도 기관의 이름을 패러디한 곳도 있다. '아무 말도 못해요 (Never Say Anything),' '그런 기관 없어요(No Such Agency),' '행동하는 크리스천(Christians In Action),' '자본주의의 보이지 않는 군대(Capitalism's Invisible Army),' '미국의 공인된 바보들(Certified Idiots of America),' '미국의 광대들(Clowns In America)'이 그런 별명들이다. 국가안보국과 중앙정보국(CIA) 같이 힘 있는 기관들이 패러디의 주요 대상이다.

지명이나 교육시설에서 유래한 별칭도 있다. MI6의 '서커스,' CIA의 '랭글리(Langley),' CIA의 '버지니아 농장 소년들(Virginia Farm Boys),' 미국 국가대테러센터의 '리버티 크로싱(Liberty Crossing),' 소련 KGB의 '루뱐카(Lubyanka)'가 그런 경우다. 프랑스 대외안보총국(DGSE)도 'Piscine des Tourelles'라는 유명한 수영장이 근처에 있어 '수영장'으로 통한다.

정보기관의 활동과 성격을 단적으로 보여주는 별명들도 있다. 소련 KGB의 '국가 속의 국가(state within a state),' 이스라엘 모사드(MOSSAD)의 '딥스테이트(Deep State),' NSA의 '비밀 궁전(The Puzzle Palace),' '파놉티콘(The Panopticon),' '그림자 공장(The Shadow Factory)'이 그런 사례들이다. 표현의 정도는 달라도 어느 나라 어느 시대나 정보기관을 '국민을 감시하는 숨은 권력집단'으로 묘사하고 있다. 그렇다면 국정원의 별명은?

관상과 사주 그리고 천지신명

송나라 사신을 맞는 자리였다. 사신은 위풍당당한 선비들을 모두 지나 제일 말석의 한 선비에게 엎드려 절을 했다. 허름한 복장에 키도 작고 못생긴 얼굴이었지만 사신은 한눈에 강감찬을 알아본 것이다.

조선 초기 문신 성현(成俔)이 쓴 『용재총화』에 나오는 이야기다.

관상(觀相) 인상(人相) 골상(骨相), 명칭이야 어떻든 한눈에 사람을 알아보는 능력은 스파이세계에서도 빼 놓을 수 없는 덕목이다.

인상학은 정보요원이 반드시 연구해야할 과학적 상식이다. 정보요원은 다음 인상을 주의해야 한다. 머리가 크고 입이 크며 코가 넉

넉한 자는 능력있는 정치적 수령이다. 눈이 깊고 빛나며 코가 높고 굽은 자, 얼굴이 마른 자는 음모가 있고 독악한 인물이다. 허리가 가늘고 등이 굽은 자는 마음이 악하고 무정하며 이기심이 강한 인물이다. 곰보는 재능과 능력이 있다.

일제강점기 의열단의 정보요원 교재 『정보학 개론』에 수록된 내용이다. 어느 해 대통령 선거를 목전에 두고 한 정보요원이 유명한 관상가를 찾았다. 결과는 박빙의 차이로 빗나갔다. 다시 찾아온 요원에게 건넨 관상가의 상담일지에는, 요원에게 말한 후보와는 다른 후보가 대통령이 되는 걸로 적혀 있었다. 관상가는 낙담할 요원이 애처로워 그렇게 이야기했다고 설명했다. 그후 요원은 그의 광팬이 되었다는 전설이 있다.

정보기관의 북한 부서는 정월 초부터 바쁘다. 유명 역술가들이 풀이하는 김일성·김정일의 한해 운세를 미리 듣고 검토·보고를 올려야 한다. 정보기관장이 시중에서 먼저 듣고 검토 지시가 내려왔을 땐 이미 늦다. 사전 보고를 통해 '별거 아니다'라고 미리 김을 빼 놓아야 하기 때문이다. 말쑥하게 차려입은 요원들이 사주를 내 놓는 순간 역술가들은 기관에서 왔다는 것을 알아챈다. 방귀 깨나 뀐다는 역술가들은 웬만한 정치인이나 기업인, 연예인 사주는 꿰고 있다. 세상사를 풀이하는 요령도 대학교수나 기자 못지않다. 정보요원이 여기에 자칫 혹(惑)하면 판단에 오류를 범할 수 있다. 북한에 대한 접근이 지극히 어려웠던 오래 전 일이다. 북한 부서가 역술가를 만나는 동안 수사 부서는 천지신명을 만난다. '간첩필포(間諜必捕)' 플래카드를 붙이고 돼지머리, 시루떡, 북어, 과일 등으로 고사상을 차린다. 간첩을 잡을 수 있도록 도와달라는 축문이 낭독되고, 수사관들은 돌아가며 술잔을 올리고 절을 한다. 간첩을 잡는다는 것은 열심히만 한다고 되는 게 아니다. 고사라는 의식을 통해 전체가 하나로 마음을 모으는 것이다.

이런 믿음은 미국도 비슷하다. CIA 본부 정문 앞에 동상이 하나 있다. 하단에는 "조국을 위해 잃을 수 있는 목숨이 하나밖에 없다는 것이 유감스러울 뿐이다"라고 새겨져 있다. 1776년 9월 22일, 스파이 활동을 하다 스물한 살 어린 나이로 영국군에 처형된 네이선 헤일(Nathan Hale)이 동상의 주인공이다. 언제부턴가 CIA 요원들이 헤일의 발아래에 76센트나 워싱턴의 얼굴이 새겨진 25센트 동전을 놓아두기 시작했다. 헤일이 임지로 떠나는 CIA 요원과 가족들에게 행운을 준다는 속설이 요원들 사이에 믿음으로 확산되었다. 76센트는 헤일이 처형된 해, 25센트는 헤일이 워싱턴 장군 휘하에 복무했다는 사실을 기념하는 것이라고 한다. 한국이나 미국이나, 예나 지금이나 스파이는 미래가 불확실하고 스트레스가 극한인 직업임에 틀림없다.

4시 44분이다. 어제도 그제도 4시 44분이었다. 오늘은 잠을 깨고 일부러 조금 더 있다 눈을 떴는데도 역시 4시 44분이다.

'에이! 조금 더 있을 걸!'

찜찜한 마음에 이리저리 뒤척이다 조간신문을 찾아 화장실로 향했다. 제일 먼저 오늘의 운세를 펼쳤다.

"흔들림 없이 안정감 있는 삶을 유지하도록 하라."

선거와 스파이

1990년대 초반, 남대문과 명동의 암달러 시장에서 한 번에 수만 달러씩을 환전하는 사람들이 있다는 첩보가 안기부에 접수되었다. 수출 실적도 전혀 없는 이들이 거액의 달러를 가지고 있다는 사실이 수상하다는 것이었다. 이들의 신원은 대공전과가 있는 A와 탈북자 B로 바로 확인되었다. A와 B는 명목상 동업자 관계로서, B의 해외 출입이 최근 갑자기 빈번해졌다는 사실도 금방 확인되었다. 1992년 3월 국회의원 선거와 12월 대통령 선거를 앞두고 OO당에 침투했던 간첩단 사건의 단서가 포착되는 순간이었다.

A는 50년대 말 자진 월북하여 1년간 간첩교육을 받고 내려온 인물이었다. '남한에 장기 매복하여 합법·비합법으로 노동 대중 속

에 들어가 조직을 결성하라'는 지령을 받고 36년간 암약해오던, 이른바 장기잠복 간첩이었다. A는 OO당을 남한 내 합법적 전위정당으로 구축하기 위해 1990년 3월부터 1991년 12월까지 3차에 걸쳐 210만 달러를 공작자금으로 받았다. 1992년 8월 체포될 당시, 이중 110만 달러는 OO당 국회의원 선거 자금 등으로 이미 사용된 상태였고, 나머지는 대통령 선거 자금 등으로 쓰기 위해 은닉해 두었다가 전량 압수되었다.

최근 OOO 간첩단 사건 등에서 '야권, 종교계, 사회단체 등이 파쇼 독재자, 검찰만능주의자 윤석열을 내년 국회의원 선거에서 반드시 심판해 쫓아내야 한다'는 지령이 확인되었다고 주목을 끌고 있다. 그런데 사실 이것은 어제 오늘의 일이 아니다. '주사핵심 의거 광범한 민주세력 포용, 새정당 건설추진에 헌신하는 동지의 로고 높이 평가함. 대선 시 모든 민주세력이 민주당 후보 밀어주며 민중 독자 후보론은 바람직하지 못함. 각종 악법철폐, 양심수석방, 비핵 군축, 련방제 등을 그것에 대한 지지카드로 리용할 것임. 대선 시 국민련합에 모든 세력 집결, 대렬의 통일 단결 할 것. 침체된 대중투쟁 활성화 시키도록 종용 바람.' 지금부터 30여 년 전인 92년 6월 12일 A가 수신한 지령문이다.

다른 나라의 선거에 간여하는 것은 국제법 위반이며, 외교적 긴장이나 국가 간의 갈등을 야기 시킬 수 있다. 합법적 국가전략의 도

구로는 당연히 부적절하다. 그러나 스파이 세계는 다르다. 자국의 정책에 더 호의적인 정당이나, 자국의 무역이나 안보에 더 협력할 것 같은 후보를 지지하는 것은 동서고금에 인지상정이다. 스파이들이 자국의 전략적 이익을 증진시키기 위해 다른 나라의 선거 결과에 영향을 미치려 하는 것은 드문 일이 아니다. 어찌 보면 당연한 일인지도 모른다. 허위정보를 유포하거나 사보타주하는 것도 정보기관의 영역이고, 허위정보의 유포를 막고 사보타주를 차단하는 것도 정보기관의 책무다. 한 편으론 막고, 다른 한 편으론 찌른다.

냉전시절 KGB는 반공주의자인 공화당의 리처드 닉슨을 낙선시키기 위해 민주당의 휴버트 험프리에게 은밀하게 선거자금 지원을 제의했다. 소련을 '악의 제국(Evil empire)'이라 표현했던 레이건 대통령 재선 때는 레이건이 할리우드 시절 'FBI 정보원'이었다는 것을 암시하는 문서를 위조했고, '레이건은 전쟁을 의미한다(Reagan Means War)'라는 슬로건을 유포함으로써 미국의 반 레이건 정서를 자극하기도 했다.

국정원의 간첩 수사권이 2024년 1월 1일부터 폐지된다. 간첩신고가 들어와도 기본적인 신원 확인조차 바로 할 수 없게 된다. 전과조회·출입국 조회는 당연히 못한다. 동네 파출소보다 못한 신세가 된다. 해외에서의 증거수집 활동은 아예 꿈도 못 꾼다. 내년 4월 10일에 실시되는 국회의원 선거를 북한이 그냥 넘어갈 리 만무하다. 이제 믿을 곳은 경찰밖에 없는데 ….

중국의 마타 하리 '스페이푸'

1983년 6월, 프랑스 대내안보총국(DGSI)에서 전직 외교관 '베르나르 부르시코'를 조사하고 있었다.

"북경과 울란바토르에 근무할 때 중국에 기밀문서를 넘긴 사실이 있습니다."

지루한 침묵 끝에 마침내 부르시코의 입이 열리기 시작했다.

"중국 정보기관에서 아내와 아들의 안전을 담보로 협박을 했습니다. 결코 돈 때문이 아니었습니다."

"아파트에 동거하고 있는 중국인 남성 두 명은 누구인가요?"

"작년에 중국에서 입국한 제 아내와 아들입니다."

긴장감으로 팽팽하던 사무실이 일순 술렁거렸다.

"아내라니요? 혹시 당신! 게이(Gay)입니까?"

"평생 비밀로 간직해 왔습니다만 이제 사실대로 말씀드리겠습니다. 제 아내 스페이푸는 남장을 하고 다니지만 사실은 여자입니다. 그 아이도 스페이푸와 저 사이에서 태어난 아들이 맞고요."

"스페이푸가 여자라고요?"

"당연히 여자지요! 제가 남자와 여자도 구분 못하는 바보로 보이십니까?"

며칠 후 스페이푸는 부르시코 앞에서 바지를 내려야 했고, 스페이푸가 남자임을 확인한 부르시코는 20년간 속고 살았다는 배신감과 세상의 조롱 속에 자살을 시도했다.

1964년 12월, 북경의 프랑스 대사관에서 크리스마스 파티가 열리고 있었다. 당시 중국의 정치적 상황은 외국인이 현지인과 쉽게 접촉할 수 있는 분위기가 아니었지만, 연말의 들뜬 기분에 힘입은 갓 스물의 대사관 경리 부르시코에겐 모처럼의 좋은 기회가 아닐 수 없었다. 단정한 차림에 남다른 기품을 풍기는 한 중국인 남성이 다가왔다. 자신을 중국의 고전연극, 경극의 여장(女裝) 남자배우라고 소개했다. 작은 키, 작은 손, 수염 없는 하얀 얼굴, 여성스러운 외모였지만 프랑스어를 유창하게 구사했다. 대사관 직원들에게 중국어를 가르친다고도 했다. 26살의 스페이푸였다. 파티가 끝나갈 무렵, 스페이푸는 자신의 은밀한 사생활까지 들려줬다. 아들을 바라는 아버지 때문에 어릴 때부터 남자로 길러졌지만 사실은 여자라고 했다. 부르시코는 스페이푸의 신비한 성적 마력(魔力)에 완전히 빠져버렸다. 1965년 겨울 부르시코가 다른 임지로 전근을 가게 되자 스페이푸는 임신 사실을 알렸고, 부르시코가 없는 동안 북경에서 혼자 아들을 낳았다.

부르시코와 스페이푸의 스파이 스캔들은 세계를 떠들썩하게 만들었다. 사람들의 이목은 이들의 스파이 행위에 있지 않았다. 20년이나 동거하면서 스페이푸가 여자라는 사실을 부르시코가 어떻게 모를 수 있었는지, 아들은 어떻게 낳았는지가 최대 관심사였다. 스페이푸는 단 한 번도 자신의 벗은 몸을 부르시코에게 보여 준 적이 없다고 했다. 당연히 목욕도 같이 한 적이 없었으며, 성적인 애무는 일체 허용하지 않았다고 법정에서 증언했다. 성행위 시 자신이 한 여성 역할도 의사 앞에서 시연했다. 완벽할 수 없는 역할이기에 성행위는 항상 불을 끈 상태에서 빨리 끝냈다고 했다. 고등학교 중퇴 학력에, 여성과의 성경험이 전혀 없었던 부르시코에게 스페이푸의 이런 행동들은 동양의 신비로움이나 성적 미덕으로 보였다. 태어난 아들을 4년 만에 보는 것도 중국의 관습으로 존중했다. 부르시코는 외관상 백인과 중국인의 혼혈처럼 보이는 아이를 자기 아들로 철석같이 믿었다. 사실상 스페이푸가 신장성 위구르족에게서 입양한 아이였지만 부르시코는 이런 아들과 스페이푸를 지키려고 조국까지 버렸다.

현실이 소설보다 더 기이(奇異)할 때가 있다. 인간이 상상할 수 있는 그 이상의 기이한 일이 일어날 수 있는 곳, 그런 곳 중 한 곳이 바로 현실 속 스파이 세계다. 지금 이 순간에도 대한민국 어디에서 중국이나 북한의 기상천외한 스파이 활동이 벌어지고 있는지 모른다.

암살의 미학, 자살과 자연사

비밀을 가진 누군가를 영원히 침묵시킨다. 적대국의 정보자산이
될 수 있는 자는 사전에 제거한다. 배신자에겐 보복을, 잠재적 배신
자에겐 경고를 보낸다. 스파이 세계에서의 암살 목적이 이렇다. 목적
은 달성하되 흔적은 남기지 않는다. 스파이 세계의 암살 원칙이다.

1941년 2월 10일 오전 9시 30분, 워싱턴 DC 벨뷰 호텔에서 한
남자가 숨진 채 발견되었다. 오른손에는 38구경 리볼버 권총이 쥐여
있었고, 총알 한 방이 오른쪽 관자놀이를 관통했다. 객실은 피로 흥
건했으며, 세 통의 유서가 침대 옆에 놓여 있었다. 1938년 가족과 함
께 미국으로 망명한 소련 군사정보부 서부유럽 공작조직 책임자 인

'월터 크리비츠키(42세)'였다. 『스탈린의 비밀업무를 하면서(In Stalin's Secret Service)』라는 책을 출간하며 반(反)스탈린 운동의 선봉에서 활동해오던 중이었다. 검시관은 6시간 전에 사망한 것으로 추정했다. 경찰은 숙박부에 기재한 필체와 유서의 필체가 동일하며, 유서의 내용으로 보아 자살이 분명하다고 결론지었다. 크리비츠키가 암살에 대한 불안감으로 신경쇠약과 편집증을 앓고 있었으며. 배반에 대한 죄책감으로 힘들어 했다는 증언도 보태졌다. 루스벨트 행정부와 FBI는 크리비츠키의 죽음에 무관심했다. 루스벨트는 공산주의를 위협으로 보지 않았고, 스탈린을 동맹국의 위대한 지도자로 간주했다. FBI는 새로운 증거가 제시되어도 수사를 재개하지 않았다.

그러나 80년이 지난 지금도 크리비츠키의 사망 원인은 여전히 의혹에 둘러싸여 있다. 크리비츠키의 방에서 발견된 총에는 소음기가 없었는데, 자살이 일어난 새벽 시간에도 총소리를 들은 사람은 아무도 없었다. 부인과 아들에게 남긴 유서에서 크리비츠키가 소련 정부를 '우리의 가장 친한 친구'라고 표현했다.

크리비츠키는 절대 자살할 사람이 아니다. 스탈린의 악행을 폭로하는데 소명의식을 가지고 있었다.

크리비츠키는 자신이 만약 자살한 채로 발견된다면 그 정황이 어떻더라도 자신의 자살을 절대 믿어서는 안 된다고 경고한 바 있다.

가족의 안전을 위협하여 자살을 하도록 만드는 것이 소련의 전통적 암살 수법이다.

크리비츠키의 지인들과 정보 전문가들 중에는 크리비츠키가 자살을 한 것이 아니라 '자살을 당한 것'으로 보는 사람들이 많다.

1957년 10월 12일 오전 10시, 우크라이나 반체제 인사 '레프 레벳(45세)'이 뮌헨에서 출근 도중 사망했다. 경찰은 돌발성 심장마비로 발표했지만 3년 뒤 망명한 소련 비밀요원 '보그단 스타신스키'에 의한 암살로 밝혀졌다. 스타신스키는 자신이 레프 레벳의 얼굴에 시안화칼륨(청산가리)을 직접 분사했다고 자백했다. 시안화칼륨은 흡입 즉시 동맥을 마비시켜 1분 30초 이내에 심장마비를 일으킨다. 공기 중에 분사된 시안화칼륨은 상온에서 2분, 인체에 흡입된 시안화칼륨도 5분이면 독성이 완전히 사라져버리기 때문에 살상 물질의 흔적은 그 어디에서도 찾을 수 없다.

살인은 누구나 저지를 수 있지만 자연사로 위장한 살인은 전문가만이 할 수 있다.

크리비츠키가 동료에게 한 말이다. 살인 전문가 스타신스키의 자백이 없었더라면 레프 레벳의 죽음은 영원히 자연사로 남았을 것이다. 한국에서도 1975년에서 1997년 사이 30명의 대학생들이 자살을 했다. 학생운동에서 자살은 원래 지배세력에 대한 저항의 상징이었다. 그러나 집합적 정체성을 강조하는 NL계열이 학생운동을 주도하면서 자살도 내부 투쟁을 촉구하는 의미로 변질되었다. '자살 대기조'와 '분신 배후설'이 유포되었다. 암살의 미학은 자살과 자연사에 있다.

안젤리나 졸리보다 이영애
그리고 정보기관의 영향 공작

장금인 우리나라 사람들의 롤 모델이에요.

드라마가 방영되는 내내 장금인 항상 우리와 함께 했어요. 우리가 장금이었고, 장금이 우리였어요.

장금이 흙탕물이 된 우물물을 끓이는것을 보고 물을 끓여먹기 시작했어요.

안젤리나 졸리보다 장금이 이영애가 더 좋아요.

올림픽 중계로 '대장금'이 결방되자 시청자들의 항의전화가 빗발쳤고, 방송국은 결국 중계를 중단하고 대장금을 다시 내보내야 했다. 한국 식당이나 가게 앞엔 이영애의 브로마이드를 얻으려는 현지인들로 장사진을 쳤다. 교민들이 지나가면 인파들 속에서 장금이를 흉내낸 "어머니, 어머니" 떼창이 거리를 흔들었다. 2008년 아프리카 A국에서 있었던 일이다.

당시 A국은 오랜 독재로 정치는 불안하고 물가는 하루가 다르게 천정부지로 치솟고 있었다. 절대 다수 국민은 하루 1달러 이하로 생활을 꾸려나갔다. 국민의 10퍼센트는 에이즈에 감염되어 있었고, 많은 사람이 매일 콜레라로 죽어나갔다. 국영 방송국이라도 드라마 제작은 엄두조차 낼 수 없었고, 외화가 없으니 외국 프로그램을 사올 방법도 없었다. 그저 철지난 할리우드 영화나 값싼 80~90년대 미국 프로 레슬링만 재탕·삼탕 방영할 뿐이었다. 꿈도 희망도 가질 수 없는 나라, 하루하루가 그저 무료하기만 한 A국에서 형형색색의 화면, 색다른 복식, 생전 처음 보는 요리, 치밀한 구성, 하층민 출신 여성이 사회적 차별을 극복하고 마침내 왕의 주치의까지 되는 내용은 현지인들에겐 인간승리요, 희망이요, 꿈이요, 대리만족이었다.

대장금이 A국에서 공전의 히트를 치고 있다는 보고를 받은 서울은 A국 주재 한국대사관에 시청률을 조사해 보고하라는 지시를 내렸다. 인터넷도 미비하고 조사기관도 제대로 없는 아프리카에서 시청률을 조사하라니? 고심에 고심을 거듭한 대사관이 기발한 아이디어를 짜냈다. 시청자 퀴즈를 내는 것이었다.

'대장금 드라마에서 배우들이 사용하는 언어는?'

① 한국어
② 중국어
③ 일본어

노동자 한 달 월급의 3분의 1에 해당되는 돈을 상금으로 걸었다. 천차만별 크기의 엽서가 폭발적으로 들어오기 시작했다. 손바닥만 한 종이에서부터 노트북 크기 정도의 종이, 라면 박스를 대충 자른 골판지에까지 정답을 써서 보내왔다. A국은 규격 엽서나 규격 봉투가 없으니 아무 종이나 우표만 부치면 된다. 이렇게 도착한 엽서가 500만장에 가까웠다. A국의 TV 보급률을 고려할 때 TV가 있는 전 가정에서 적어도 한 장 이상 보낸 것으로 추산되었다. 시청률 100퍼센트였다. 정답률도 99퍼센트가 넘었다. 오답 1퍼센트도 틀릴 것을 대비해 한 사람이 여러 답을 보낸 것으로 추정되었으니, 결국 정답률도 100퍼센트로 볼 수 있었다.

사실 A국의 「대장금」 방영은 한국대사관의 작품이었다. 대사관의 제의와 전폭적 지원으로 A국이 「대장금」을 방영할 수 있었다. 스파이 세계 용어로는 한국대사관의 이런 활동을 영향 공작(Influence

Operation)이라고 한다. 외국의 주요 인사나 매체를 활용하여 자국이 바라는 방향으로 현지의 변화를 유도하는 공작이다. 아시아 사람 하면 제일 먼저 인도인을 연상하고, 동양인 얼굴이면 중국인만 생각 하던 A국에서 한국의 존재감과 현지 교민의 위상을 높인 쾌거였다. 대사와 영사 및 서기관 각 한사람으로 구성된 아프리카 오지 삼인 (三人) 공관에서 외교부는 본부 훈령처리만도 바쁘다. 명맥만 유지해 도 대단한 일이다. 공작은 무에서 유를 만들어 내는 공세적 활동 이다. 아프리카 오지에서 보이지 않는 국익을 창출해 내는 일, 대사 관에 파견된 정보요원이 하는 일이다. 이제는 퇴직한 입사 동기 B요 원! 수고했어요!

스파이는 죽어도 죽은 게 아니다
전설의 스파이 엘리 코헨!

2021년 초 러시아 텔레비전 채널 「러시아 투데이(RT)」에서 1960년 대 초반에 촬영된 다큐멘터리 한편이 공개되었다. 불과 몇 초에 불과한 이 동영상은 방송으로 나가자마자 아랍과 이스라엘 모든 언론의 헤드라인을 장식했다. 동영상 공개의 배후는 누구일까? 왜 이 시점에서 저 동영상이 공개된 것일까? 한 남자가 다마스커스의 시리아 공군 본부 근처를 지나가는 장면이었다. '이스라엘 역사상 가장 위대한 스파이'이자 '전설의 스파이'로 불리는 '엘리 코헨(Eli Cohen)'이었다.

1965년 5월 18일 새벽 3시30분 다마스커스 마르제 광장, 수천 명 군중이 지켜보는 가운데 시리아 국방차관으로 내정되었던 카멜 아민 타벳의 교수형이 집행되었다. 4년 전 아르헨티나에서 귀국한 사업가로 위장하여 시리아 고위층에 침투했던 모사드 비밀 공작원, 엘리 코헨이었다. 국제사회의 감형 압박과 엘리 코헨의 손에 놀아났다는 모욕감, 모사드의 집요한 구명 공작에 자존심이 상한 시리아 고위층이 체포 4개월도 못된 시점에 전격적으로 공개 처형을 지시한 것이다. 수백만 파운드의 약품과 농업용 중장비 제공, 시리아 스파이 11명 석방, 교황 바오로 6세를 비롯한 서방진영의 수많은 유명인과 단체들이 탄원을 해도 전혀 소용이 없었다. 시리아는 오히려 엘리 코헨의 매장지마저 비밀에 부친 채 세 번이나 옮겨버렸다.

그러고 만 2년 뒤 1967년 6월 5일, '6일 전쟁'으로 불리는 3차 중동전쟁이 터지면서 엘리 코헨의 진가가 확인되었다. 이스라엘 공군이 난공불락의 시리아 요새 '골란 고원'을 단 10시간 만에 함락시켰다. 애꾸눈 장군으로 잘 알려진 모세 다얀은 "코헨이 아니었다면 골란 고원을 함락시키는 데 더 많은 희생을 치렀어야 했다. 아니 어쩌면 골란 고원 점령은 영원히 불가능했을지도 모른다"라며 엘리 코헨을 추모했다.

엘리 코헨은 이스라엘에서 6일 전쟁의 1등 공신이었다. 수많은 거리와 공원, 건물에 엘리 코헨의 이름이 붙여졌다. 전기와 회고록, 소설, 영화가 만들어지고 우표까지 발행되었다. '엘리코헨 박물관' 과 '엘리코헨 추모의 길,' '엘리코헨 협회' '엘리코헨 웹사이트' 도 만들어졌다. 처형된 날을 전후하여 방송국은 추모 프로그램을 편성하고 신문사는 추모 기사를 게재했다.

엘리 코헨이 이스라엘의 전설이 되어가는 동안 스물아홉 나디아 코헨은 홀로 세 아이를 키우며 56년째 남편의 유해 송환을 호소하고 있다.

"큰 딸 소피는 아버지 없이 태어났습니다. 둘째 딸 이리트는 아버지를 모릅니다. 외아들 샤이는 엘리가 마지막으로 집을 떠날 때 겨우 3주된 갓난애였습니다. 아이들은 아버지가 누군지도 모른 채 '아빠(abba, 아버지라는 의미 히브리어)'라고 옹알이를 했습니다. 아이들이 첫 걸음을 떼는 그 가슴 벅찬 순간에도 엘리는 집에 없었습니다. 나는 그가 한 일은 자랑스럽게 생각하지만 남편이 있다는 느낌은 가질 수 없었습니다.

이제 엘리를 집으로 돌려보내주세요. 그가 사랑했고 생명을 바쳤던 바로 이 땅에서 엘리가 안식을 얻을 수 있도록 … 나도 엘리 옆에 묻히고 싶습니다."

RT의 동영상이 공개된 이후 시리아 주둔 러시아군들이 다마스커스 한 공동묘지에서 엘리 코헨의 유해를 수색중이라는 보도가 이어졌고, 네타냐후 이스라엘 총리도 코헨의 유해 송환 기회를 계속 보고 있다고 밝혔다. 이스라엘과 시리아가 평화를 유지하는 가장 간단하면서도 인도적인 방법은 시리아가 코헨의 유해를 이스라엘로 보내는 것일지도 모른다. 스파이는 죽어도 죽은 게 아니다.

완벽한 스파이 조르게와 배은망덕한 스탈린

2021년 5월 9일 일본 도쿄 인근 타마(多磨) 공동묘지, 전승기념일을 맞아 미하일 갈루진(Mikhail Galuzin) 러시아 대사와 독립국가연합(CIS) 외교 공관 수장들이 헌화를 하고 있다. 『프랑크푸르트 차이퉁(Frankfurter Zeitung)』 일본 특파원이란 위장 신분으로 활동하다 77년 전 처형된 소련 스파이 '리하르트 조르게(Richard Sorge)'를 추모하는 자리였다.

1941년 9월 14일 조르게가 '일본은 독일이 모스크바를 함락시키기 전까지는 소련을 공격하지 않는다. 일본은 자원 확보를 위해 만주의 병력을 남방으로 이동시킨다'는 첩보를 모스크바로 날렸다.

독일 침공에 고전을 면치 못하고 있던 스탈린에겐 이보다 더 좋은 첩보는 있을 수 없었다. 일본의 침공에 대비하여 극동에 배치했던 병력 중 15개 보병 사단, 3개 기병 사단, 탱크 1700대, 비행기 1500대가 모스크바 공방전에 투입되었다. 소련군이 독일군을 패퇴시키기 시작했다. 독일군의 상승(常勝)신화가 무너졌다. 조르게의 첩보 한 건이 패망 직전 소련을 구했다.

훤칠한 키에 다부진 체격, 갈색 곱슬머리, 아치형 짙은 눈썹, 푸른 눈동자, 카리스마 넘치는 눈빛, 러시아인 아버지 독일인 어머니에게서 물려받은 조르게의 수려한 외모는 여성들의 경계심을 풀기에 부족함이 없었다. 첫 연인 크리스티아네는 "그를 만나는 순간 마음 속 깊은 곳에서 억제되어 왔던, 위험하지만 도저히 도망칠 수 없는 그 뭔가가 깨어났다. 마치 번개가 한 순간 나를 관통한 것 같았다"고 회고했다. 그는 어려서부터 역사와 문학, 철학, 정치학에 관심이 많았고 베를린과 킬(Kiel) 대학에서 경제학을 공부했다. 함부르크 대학에서는 정치학 박사학위까지 취득했다. 독일어를 포함하여 프랑스어·영어·러시아어·중국어·일본어 등 6개 국어에 능통했으며, 일본 특파원으로 위장할 당시 서재에는 『코지키(古事記)』, 『일본서기(日本書紀)』, 『겐지모노가타리(源氏物語)』 같은 고전을 포함해 천 권 가까운 일본 서적이 꽂혀 있었다. 기자로서 작성한 「일본 보고서」는 유럽에서 아주 높은 평가를 받았을 정도로 일본에 대한 분석력과 통찰력은 대단했다. 어떤 기준으로 보아도 조르게는 타고난 스파이였다.

1941년 10월 18일 일본의 방첩기관에 의해 조르게가 체포되었다. 일본 내 공산주의자들을 수사하는 과정에서 조르게의 스파이 활동이 탐지된 것이다. 소련과 중립관계를 유지하던 일본은 세 차례에 걸쳐 스파이 교환을 제안했지만 소련은 "조르게의 존재를 알지 못한다"는 성의 없는 답변만 되풀이할 뿐이었다. 러시아에서 조르게를 기다려오던 부인 에까테리나 막시몬은 NKVD(KGB 전신)에 의해 독일 간첩으로 체포되어 5년 유형을 받고 1943년 유배지에서 죽었다. 소련의 이런 배은망덕을 알 리 없는 조르게는 1944년 11월 7일 스가모(巢鴨) 형무소에서 처형당하기 직전 "세키군(赤軍, 적군), 고쿠사이 교산토(國際 共產黨, 국제 공산당), 소비에트!"를 외쳤다.

그로부터 20년이 흐른 1964년, 소련 서기장 흐루쇼프가 조르게에게 영웅 칭호를 추서하고 자국 스파이임을 인정했다. 소련에서 조르게의 기억이 사라져가는 동안 서방에서는 조르게의 기억을 찾고 모았다. 1961년 조르게의 활약상을 그린 영화 「조르게씨, 당신 누구요?(Qui êtes-vous, Monsieur Sorge?)」가 프랑스·서독·이탈리아·일본 합작으로 제작되어 소련에서도 인기를 끌었다. 이후 주일본 소련 대사는 기념일에 조르게의 묘소를 찾는 것이 관례가 되었고 그 관례는 현재 러시아 대사로 이어지고 있다.

2부 남산의 부장들

남산에는 부장들만 살았던 게 아니다
어느 스파이 헌터의 일생

네이버와 다음, 구글, 네이트, 줌(zum) 등, 인터넷 포털 사이트 그 어디에서도 이름 한 자, 사진 한 장 찾을 수 없었다. 그저 내 기억 속에만 살아 있을 뿐 …. 이제 그 기억마저 흐릿해져 가는데 세월이 더 가기 전, 남산에 이런 사람이 살았었다는 것을 기록으로 남긴다.

1997년 5월, OO수사를 나갔다 들어오니 A단장이 돌아가셨다고 한다. 사흘 전 병원에서 봤는데 …. '오지 마, 곧 퇴원할거야!' 링거를 꼽은 채 병원 현관까지 따라 나오며 그가 한 말이었다. 내가 들은 마지막 말이었다. 중앙대 필동 병원에 차려진 상가(喪家)는 조문

객으로 붐볐지만 대부분 직원들이었다. 어쩌다 친척으로 보이는 낯선 사람 한두 명이 와도 그냥 조문만 하고 돌아가고, 육촌동생 한 사람이 상가를 지켰다. 육촌동생은 사흘 내내, 오가는 사람을 붙잡고 주야장천 죽은 형 험담하기에 바빴다.

"자기도 이렇게 허망하게 죽을 줄은 몰랐을 거다. 이렇게 죽을 줄 알았으면 그렇게 처신했겠나?"

시골의 친척들에게 A단장은 서울에서 출세한 집안사람이었다. 이런저런 청탁이 없었을 리 없다. A단장은 '그런 말 하려거든 다시는 연락하지 마라'며 일언지하에 청탁을 끊었고 친척들은 수모를 당했다고 느꼈다. "내 이놈의 새끼한테 다시 전화하면 사람 아니다." 절치부심한 친척들이 한두 명이 아니라고 했다.

1990년대 초반 서울에서 개최된 OO행사에 보안팀장과 보안요원으로 A단장을 처음 만났다. 보안활동 사흘째 되는 날 새벽 2시, 옷도 갈아입을 겸 집에 잠시 들렀다. 다음 근무가 5시여서 택시로 다녀오면 충분히 여유가 있다고 생각했다. 현관을 들어서는데 전화벨이 무섭게 울렸다. 신발끈도 풀지 못하고 돌아와야 했다. "근무시간만 근무하는 게 아니다. 비번이라도 근무지를 이탈해선 안 된다. 항상 대기 상태로 있어야 한다. 앞으로 이런 일이 다시는 없기 바란다"고 했다. 입안에서 욕이 맴돌았다. 어떻게 나머지 날들을 보냈는지

기억도 안 난다. 그러나 이 정도는 약과였다. 속된 말로 '새 발의 피'였다. 5년 뒤 그와 다시 단장과 기획반 직원으로 인연이 이어졌다.

"집무실 도어(door)에 지문이 묻어 있어서는 안 된다. 책상이나 캐비닛에 머리카락을 한 올 붙여 놓는다든지 단장 나름 보안조치를 해놓고 있으니 유의해라. 블라인드는 항상 수평을 유지하고, 바키라 화분에 햇볕이 바로 비치도록 해선 안 된다. 컴퓨터 화면이나 책상 유리에 손자국이 보이는 것을 특히 싫어한다. 집무실은 물론이고 기획반 개인 책상이나 컴퓨터도 수시로 닦아라. 화분에 물은 보름에 한 번 정도 주는데, 가끔 스프레이로 잎사귀 구석구석을 잘 닦아주어야 하고 … 집무실 달력에 날짜 표시하는 것도 빠뜨려서는 안 된다. 커피를 탈때 설탕은 한 스푼이라도 넣으면 안 되고 … 단장실 일반전화는 벨이세 번 이상 울리면 받고, 호치키스는 보고서 왼쪽 상단 정확하게 가로 1센티 세로 1센티 지점에 반듯하게 찍어라 …."

기획반으로 보직을 받아 간 첫 날, 계장으로부터 들은 말이다. 탕비실 여직원도 있었고, 후배 직원들도 있었지만 휴일날 혼자 단장을 모셔야 될 때를 대비해 당부한 말들이 많았다. ~는 안 되고, ~ 해야 하고, ~ 잊지 말고 … 등. 무골호인이었던 계장이 스스로 알아서 지어낸 지침은 아닐 터이고 …. '내가 무슨 영화(榮華)를 보겠다고 여기 왔던고!' 첫날부터 숨이 턱턱 막혀왔다.

A단장은 이런 사람이다. 6시면 출근해서 열시 반경 퇴근했다. 일요일엔 10시 전후로 나와서 저녁 7시 전후로 나갔다. 토요일도 없고 휴일도 없었다. 명절에도 어김없이 출근했다. 오랜만에 형 집에 모인 동생들도 '회사 가봐야 된다'는 형의 등쌀에 제사나 차례 지내기 바쁘게 쫓기다시피 형 집을 나와야 했다. 내가 기획반에 근무했던 1년 365일 동안 A단장은 363일 반을 출근했다. 하루 휴가를 냈고, 한 번 반차를 냈다. 휴가 사유는 기억나지 않는다. 반차는 토요일 반일 휴가였다. 지방서 공부하는 아들을 만나고 왔다.

"장 선생! 집에서 좀 쉬니까 몸이 훨씬 가뿐하네."

반차 다음날인 일요일 보안담당관이었던 나에게 한 말이다.

A단장은 전북 사람으로 서울의 명문 고등학교를 나와 육사를 졸업했다. 그러나 나는 A단장이 그 흔한 동창회, 향우회 한번 가는 것을 보지 못했다. 하다못해 회사 내 그 어떤 소소한 모임에도 그가 관여했다는 이야기를 듣지 못했다. 가지를 않으니 찾는 사람도 없었다. 어쩌다 한 달에 한두 번 집에서 "OOO씨 부탁드립니다"라는 전화 이외에 A단장을 찾는 외부 전화는 없었다. 정확하게 표현하자면 내가 받은 외부 전화는 없었다. "돈이 있나, 빽이 있나. 우린 그저 열심히 하는 거여. 열심히!" 가끔 A단장이 나에게 하는 말이었

다. 지금 와서 돌이켜보면 스스로에게 하는 자기최면의 말이었던 것 같다. 말 많은 조직에서 그는 완전히 외로운 섬이었다. 그런 그에게 한 통의 일반전화가 걸려왔다. 마침 내가 받았다. 그날 저녁 "단장님! 기획반 온 지 6개월 만에 단장님 찾는 전화 처음 받았습니다." 내가 운을 띄우자, OO전자 부사장하는 친구라고 했다. 요즘말로 '지능형 OOO' 제작이 가능한지 물어봤는데 '어렵다'고 했다는 것이다. 수사국이 경찰, 군, 해병과 합동으로 서울, 경기, 강원, 인천 지역 간첩 드보크를 집중 수색하던 시절이었다. 그때 그 전화가 내가 받은 A단장을 찾는 처음이자 마지막의 유일무이한 일반전화였다.

보고서에 밑줄을 칠 땐 자를 닦고, 손까지 씻었다. 조직사건을 앞두곤 미아리에 가서 길일을 잡았다. D-day가 정해지면 기획반 직원들에게, 계장부터 탕비실 여직원까지 일거수일투족을 조심하게 했다. 접시 한 장이라도 깰까 조심, 또 조심하게 했다. 자나 깨나 간첩 생각이었다. 새벽에 잠이 깨서 한 잠도 못 잤다고 했다. 어떤 날은 꿈에서 간첩을 잡았다고도 했다. 마음을 모았다. 온 정성을 다 했다. 전심전력 이외에는 달리 표현할 말이 없었다.

A단장은 자기와 관련된 예산은 모두 기획계장에게 맡겼다. 단장 판공비로 나오는 돈은 전 과(課)에 배분하고, 기획반도 일부 배분을 받았다. 어쩌다 격려금이라도 받으면 꼭 직원 수에 따라 전 직원에

게 골고루 배분했다. 기획반 생활이 끝나갈 무렵 어느 날, A단장에게 OO과정 교육을 가고 싶다고 말했다. 당시 국장 부속실이나 기획반에 있으면 OO교육을 가기가 쉬웠다. 암묵적으로 용인이 되는 자연스런 코스였다.

"내가 자네를 OO과정에 보내주면 사람들은 내가 자네에게 특혜를 베풀었다고 생각할 거야. 일단 과(課)에서 근무하다가 내년에 과장에게 이야기하고 가도록 해, 나는 자네를 OO과정에 보내 줄 수가 없네."

A단장은 서운하다 못해 야멸차다고 느낄 정도로 자기관리에 철저한 사람이었다.

A단장은 이런 사람이었다. 이런 남자의 눈에 범상한 직원의 평범한 행동들이 눈에 찰 리가 없었다. 복도에서 어느 직원이 A단장의 눈에 띄었다. 머리에 물기가 있었다. 새벽시간에 수영을 하고 출근한다고 했다. 다음날 그 직원은 수영을 끊어야 했다. 아침부터 힘을 빼고 오면 출근해서 일을 할 수 있겠냐고 했던 것이다. 한 번은 수사에 참여 중이던 신혼의 젊은 남자 직원이 집에 잠시 다녀오겠다고 했다. A단장은 "집에 가면 힘만 빼고 산만해 져서 수사에 집중할 수 없다"며 수사가 끝나면 가라고 했다.

그렇게 살아온 A단장의 영구차(靈柩車)가 전북 B군 문중산(門中山) 초입에서 발이 묶였다. "우리는 그런 사람 모른다. 우리 문중 사람 아니다." 친척들이 길을 막았다. 손이 발이 되도록 빌고 빌어 겨우 문중산 밑자락 자갈밭 근처에 한 평 남짓 묘를 쓸 수 있었다. 서울로 돌아오면서 어떤 직원들은 A단장을 통해 많이 배웠다고 했다. "저렇게 살면 안 된다는 것을 배웠다"고 했다.

대인춘풍 지기추상(待人春風 持己秋霜), 줄여서 춘풍추상(春風秋霜). 남을 대할 때는 봄바람처럼 하고, 자신을 대할 때는 가을 서리처럼 하라는 뜻이다. 청와대 비서실에도 걸려있고, 검찰 간부들의 이·취임사에서도 단골 레퍼토리로 쓰이고 있는 말이다. 우린 이 말이 그저 잘난 사람들의 수사학(修辭學)이요, 레토릭(rhetoric)에 불과한 말임을 잘 안다. 대인추상 지기춘풍(待人秋霜 持己春風), 남에게는 가을 서리처럼 엄하지만, 자기에게는 부드러운 봄바람처럼 관대한 것이 현실이다. 많은 사람들이 그렇게 살고 있고, 그렇게 살다 갔다. 그러나 여기, 대인추상 지기추상(待人秋霜 持己秋霜), 나에게도 남에게도 가을 서리처럼 엄격한 삶을 살고 간 사람이 남산에 있었다. 수사국 대공수사관, A단장이다.

"단장님! 보고 싶습니다."

거울 속 또 하나의 자기를 가지고 있는 자, 앨저 히스와 신영복

거울속에는소리가없소

저렇게까지조용한세상은참없을것이오

거울속에도내게귀가있소

내말을못알아듣는딱한귀가두개나있소

거울속의나는왼손잡이오

내악수(握手)를받을줄모르는―악수(握手)를모르는왼손잡이오

거울때문에나는거울속의나를만져보지를못하는구료마는

거울아니었던들내가어찌거울속의나를만나보기만이라도했겠소

나는지금(至今)거울을안가졌소마는거울속에는늘거울속의내가있소

잘은모르지만외로된사업(事業)에골몰할께요

거울속의나는참나와는반대(反對)요마는

또꽤닮았소

나는거울속의나를근심하고진찰(診察)할수없으니퍽섭섭하오

1933년 10월 『카톨릭 청년(통권 제5호)』에 발표한 이상(李箱)의 「거울」
이다. 띄어쓰기를 하지 않아 난해(難解)해 보이지만 사실 내용은 간
단하다. 거울 속 나는 닮았지만 진짜 나는 아니다. 거울 밖 나는
거울 속 나를 통제할 수 없다. 나는 거울 밖에도 있고 거울 속에도
있다. 누가 진짜 나인지 나도 모른다.

냉전의 긴장감이 감돌던 1948년, 전향 공산주의자 '위태커 챔버
스'가 국무부 고위관료였던 '앨저 히스(Alger Hiss)'를 간첩으로 고발
했다. 유서 깊은 집안에서 태어나 하버드 로스쿨을 졸업하고, 유엔
창설을 주도할 정도로 명성이 높았던 히스는 챔버스를 모른다고
부인했다. 1950년 1월, 법원은 히스에게 시효가 지난 간첩죄 대신 위
증죄로 5년을 선고했다. 히스는 교도소 봉사활동에 항상 앞장섰
다. 선량한 시민이 정치적 희생양이 된 것처럼 보였다. 동료 죄수들
마저 히스를 존경했다.

1954년 11월, 히스는 44개월을 복역하고 출소했다. 매카시즘의
부정적 여파로 '소련 스파이로 암약했다 하더라도 사회 정의를 달
성하려는 동기만큼은 순수했다'는 인식이 사회 저변에 번져나가던
1957년, 히스는 자서전 『여론의 재판에서』를 출간했다. 매카시즘의
50년대, 베트남 전쟁의 60년대를 거쳐 미국은 다시 격동의 70년대를
맞았다. 냉전시기에 진실이라고 믿겨졌던 많은 것들에 의문이 제기되

었다. 진보 저널리스트 '쿡(Fred J. Cook)'은 히스를 '미국판 드레퓌스'로 단정했다. 히스는 '냉전의 순교자'가 되었고, 대학가의 단골 초청연사가 되었다. 히스는 만나는 사람마다 보수주의자들의 정치공세, 히스테릭한 반공주의 때문에 자신이 억울하게 희생되었다는 주장을 되풀이 했다. 평생을 성공회 신자로 살아온 히스는 그렇게 미국 진보 지식인의 우상이 되었다.

1989년 베를린 장벽이 무너지고 1991년 소련이 해체되었다. 헝가리 비밀경찰의 노엘 필드 조사 기록과 KGB 올렉 고르디에프스키의 증언, 소련 정보위원회 고르스키 메모, 국제공산당 코민테른 비밀문서가 공개되었다. 1995년 국가안보국의 감청자료도 기밀해제 되었다. 히스의 간첩 활동 증거들이 속속 드러나기 시작했다. 그럼에도 히스는 1996년, 92세로 죽는 그 순간까지 자신의 무죄를 주장했다. 히스의 아들 '토니' 역시 2000년에 발간된 그의 자서전 『앨저의 창문을 통해 본 견해』에서 히스가 복역 중일 때 가족들과 주고받은 편지와 친지들의 회상을 인용, 자기 아버지를 고상하고 친절하며 온정이 넘치는 인물로 묘사했다.

북한의 청와대 기습으로 남북의 긴장감이 한껏 고조되던 1968년 8월, 지하당 조직사건이 터졌다. 158명이 검거되어 50명이 구속된 1960년대 최대 공안 사건, 통일혁명당 사건이었다. 주범인 김종태·

이문규·김질락은 사형을, 신영복은 무기징역을 선고받았다. 북한은 김종태와 이문규에게는 영웅칭호를 수여하고 대규모 추모 집회를 열어 주었지만, 김질락은 변절을 이유로 외면했다.

1미터 62센티미터가 될까 말까한 비교적 작은 키에 몸집이 가냘 픈 신영복이 이진영을 따라 『청맥』지 사무실로 들어섰다.
…
"신영복 씨라 하셨지요? 나 김질락입니다. 이진영 씨한데 이야 기 많이 들었습니다."
…
"여기 이형한테 잘 들었습니다만, 미스터 신은 머리가 좋을 뿐 아니라 글도 잘 쓰신다 던데 …"

"뭐 잘 쓰는 것도 없습니다. 그저 4·19 때 상과대학에서 선언 문을 쓴 일이 있고, 대학신문에 익명으로 수필 같은 것 쓴 일이 좀 있지요. 글을 함부로 쓸 수야 있습니까?"

"아니 선언문 같은 것 쓰고도 아무 일 없었소?"

"그래서 무척 조심했습니다. 다 걸리지 않게 쓰는 방법이 있지 요. 외견상으로 볼 때 누가 봐도 저는 순수한 자유주의자죠. 학생들 에게 강의할 때 될 수 있는 대로 쉽고 재미나는 말로 계급의식을 주입시키지요 ··· (중략) ··· 이런 방법이 훨씬 안전하고 사회주의를 모르는 친구들에게는 잘 들어가는 것 같습니다."

"미스터 신은 과연 천재군요. 참 훌륭한 교육 방법이오. 앞으로 미스터 신에게 좀 배워야겠소."

김질락의 옥중 수기 『어느 지식인의 죽음』에 나오는 이야기다. 신영복은 이렇게 김질락에게 포섭되었고, 남한산성 육군교도소를 시작으로 안양교도소, 대전교도소를 거쳐 1988년 8월, 전주교도소에서 광복절 특사로 출소했다. 때는 바야흐로 1987년 6월 민주항쟁, 1988년 서울 올림픽 개최 열풍으로 사회운동이 비약적으로 상승하던 시기였다. 신영복은 출소 직후인 1988년 9월, 『감옥으로부터의 사색』을 출간했다. 당시 대중들은 '통혁당'을 군사정권이 조작한 용공조작 사건 중 하나라고 막연하게 생각했다. 신영복은 인권운동을 하다가 군사정권에 탄압받고 투옥된 것으로 이미지화 되었다. 『감옥으로부터의 사색』은 그렇게 베스트셀러가 되었다.

신영복은 '군사독재의 순교자'가 되면서 좌파 단체의 단골 초청연사가 되었다. 억울하게 간첩으로 몰렸다는 기사가 게재되기 시작했다. "사상을 바꾼다거나 그런 문제는 아니고 밖에서 사회활동을 하는 가족들이 그게 좋겠다고 전해서 한 겁니다. 전향서를 썼느냐 안 썼느냐가 문제의 본질은 아니라고 생각해요"라며 사상 전향도 부인했다.

신영복의 '인간이 희망이다'라는 애매모호한 캐치프레이저, 부드러운 미소, 감성적인 글이 사회 구석구석에 퍼지기 시작했다. 신영복은 '실천하는 지식인'이자 '시대의 지성'이요, '시대의 선비'이며 '우리 시대의 스승'에, '우리 시대의 어른'이 되었다.

신영복 사후 2016년 7월, 외교부 비밀문서가 공개되었다. 1978년 12월, 인도 뉴델리에서 베트남에 억류된 우리 공관원 3명과 북한 간첩의 교환 협상이 비밀리에 진행되고 있었다. 김일성이 직접 관여하는 협상이었다. 남북이 인도할 대상자 선정을 두고 신경전을 벌이는 과정에 북측이 시종일관 인도를 요구하는 대상이 있었다. 신영복이었다. 북측에서 "신영복은 독신자로 이산가족이 생기는 '비인도적 결과'를 초래하지 않는다"며 신영복의 인도를 끈질기게 요구한 사실이 밝혀졌다.

2018년 2월 9일, 문재인 전 대통령이 평창 동계올림픽 리셉션에서 신영복을 "존경하는 사상가"로 표현했다. 북한 김영남 최고인민회의 상임위원장을 비롯한 각국 주요 정상들이 함께하는 자리였다. 그리고 다음날, 문 대통령은 김정은의 여동생 김여정을 청와대로 초청해 신영복의 「통(通)」이란 서화를 배경으로 기념사진을 찍었다. 1978년 인도 비밀협상이 결렬되면서 신영복을 김일성에게 보내지 못한 미안한 마음을 손녀에게 보이는 듯했다. 신영복은 죽어서도 남북의 추앙을 받았다.

그는 원래 평범한 돼지였다
감방에서 한 이십 년 썩은 뒤에
그는 여우가 되었다
그는 워낙 작고 소심한 돼지였는데
어느 화창한 봄날, 감옥을 나온 뒤
사람들이 그를 높이 쳐다보면서
어떻게 그 긴 겨울을 견디었냐고 우러러보면서
하루가 다르게 키가 커졌다
그는 자신이 실제보다 돋보이는 각도를 알고
카메라를 들이대면 (그 방향으로) 몸을 틀고
머리칼을 쓸어 넘긴다.
무슨 말을 하면 학생들이 좋아할까?
어떻게 청중을 감동시킬까?
박수가 터질 시간을 미리 연구하는
머릿속은 온갖 속된 욕망과 계산들로 복잡하지만
카메라 앞에선 우주의 고뇌를 혼자 짊어진 듯 심각해지는

냄새나는 돼지 중의 돼지를

하늘에서 내려온 선비로 모시며

언제까지나 사람들은 그를 찬미하고 또 찬미하리라

앞으로도 이 나라는 그를 닮은 여우들 차지라는

변치 않을 오래된 역설이 …… 나는 슬프다.

2005년 최영미 시인이 발표한 「돼지의 변신」이다. 2020년 2월 11일 『돼지들에게』의 개정증보판 출간 기념 기자간담회에서 최 시인은 "2005년 그 전 쯤 문화예술계 사람을 만났다. 그가 돼지의 모델"이라고 밝혔다.

모사드의 진정한 업적과 최덕근

사우디아라비아 보안군이 '텔아비브대학교(Tel Aviv University)'라고 표시된 팔찌를 차고 있는 독수리 한 마리를 포획했다. 사우디 웹 사이트에 '모사드가 첩보 임무의 일환으로 새를 훈련시키고 있다'는 루머가 순식간에 퍼졌다. 이집트 홍해 해안에서 관광객이 상어떼의 공격을 받았다. 유명 잠수부가 TV에 출연해 "바다 상어는 이집트 해안에 자연적으로 서식하지 않는데, 누군가 의도적으로 풀어 놓은 것 같다"고 주장했다. 주지사는 "모사드가 이집트의 관광산업을 방해하려는 것 같다"며 모사드를 비난했다. 아랍인들은 논리적으로 설명이 어려운 사건이나 자연재해까지도 모사드의 공작으로 돌렸다.

모사드를 배워야 국정원이 산다

국정원 개혁은 이스라엘 모사드가 최상의 모델

국정원, 모사드 모델로 개혁해야

국정원, 美 CIA가 아닌 이스라엘 모사드가 되어야

국가정보원이 이스라엘 모사드가 되는 날이 올까

국정원, 모사드급으로 거듭 나야

…

국정원 개혁이 도마 위에 오를 때마다 언론들이 뽑아내는 제목들이다. 여당이든 야당이든, 보수든 진보든, 전문가든 비전문가든, 대한민국 정보기관 개혁 논의는 모사드로 시작해서 모사드로 끝났다. 윤석열 대통령도 국정원을 모사드와 같은 세계적 수준으로 끌어올려야 한다고 강조했다. 윤석열 정부의 김규현 국정원장도 국정원을 이스라엘 모사드처럼 개혁하고 또 개혁하겠다고 말했다. 아랍인들에게 무소불위 공포의 조직인 모사드는 한국인들에게도 역시 전지전능 무소부재의 정보기관이었다. 모사드는 이렇게 8,000킬로미터 떨어진 한국에서 '샬롬(Shalom, 안녕하세요)' 다음으로 입에 오르내리는 히브리어 단어가 되어가고 있었다.

모사드는 이라크와 이란에서 핵 과학자들이 당한 의문의 죽음과 브뤼셀에서 슈퍼건 설계자 제럴드 불(Gerald Bull)의 피살, 세계 곳곳에서 '검은 9월단 사건' 주모자들의 피살 등 표적암살로 유명하다. 모사드는 이스라엘의 적은 지구 끝까지라도 추적해 죽이고 마는 조직으로 이미지화 되면서, 아랍인들은 모사드에 공포를 느끼기 시작했다. 일부에서는 자신들의 무능과 실책을 감추기 위해 모사드를 컬트(Cult, 사이비 종교단체) 수준으로 추앙했다. 누군가 의문의 죽임을 당할 때마다 모사드가 언급되었다. 범인이 누가 되었던 모사드의 평판은 저절로 높아졌다.

모사드를 소재로 하는 소설과 영화, 드라마가 만들어지기 시작했다. 미디어는 음모와 첩보활동, 표적암살의 비밀스러운 세계를 낭만으로 미화시켰고, 모사드를 본래보다 과장된 위치로 끌어올렸다. 대중매체가 첩보세계에 진출하자 세인은 이스라엘에 대해 과도한 관심을 갖게 되었고, 아랍세계에 음모론이 확산되면서 모사드의 신화가 창조되었다. 많은 사람들이 세계 모든 정보기관이 할 수 없는 임무라도 모사드라면 충분히 해낼 것으로 믿게 되었다. 인도가 춤과 노래의 발리우드로, 중국이 쿵푸와 역사 드라마로 알려져 있다면, 이스라엘은 모사드의 첩보활동을 문화 수출품으로 만들었다. 모사드의 진정한 업적은 대중매체를 통한 정보활동의 홍보에 있었다.

엘리 코헨은 시리아 군부에 침투했다 체포되어 처형된 모사드 스파이다. 모사드는 엘리 코헨의 이름을 딴 아카데미를 세웠고, 엘리 코헨의 얼굴이 찍힌 티셔츠와 머그잔으로 모사드의 기념품을 만들었다. 이스라엘 전역에 엘리 코헨의 이름을 딴 지명과 건물들이 생겨나기 시작했다. 엘리 코헨의 전기와 회고록, 소설, 동화책, 동영상, 애니메이션, 영화, 우표, 메달이 만들어졌다. 엘리 코헨 박물관과 엘리 코헨 협회, 엘리 코헨 웹사이트도 만들어졌다. 엘리 코헨이 체포된 날과 처형된 날은 언론 매체 '오늘의 역사'에 소개 되었다. 감사편지 쓰기, 추모 강연, 추모 모임, 추모 프로그램 편성, 추모 기사 게재는 유대인이라면 결코 잊어서는 안 될 연중행사가 되었다. 2013년, 엘리 코헨 연구자에 의해 엘리 코헨 추모의 길이 만들어졌다. 엘리 코엔이 자주 들렀던 지점을 중심으로 골란 고원의 남쪽에서 북쪽까지 총 75킬로미터에 달하는 답사 길이다. 이스라엘 국민은 물론이고 엘리 코헨의 책이나 영화를 본 외국인, 엘리 코헨에게서 창작의 영감을 얻으려는 사람 등 연간 300만 명의 관광객들이 이 길을 찾고 있다. 엘리 코헨을 다룬 전기나 소설은 다양한 언어권에서 책으로, 영화로, 드라마로 재창조되면서 모사드와 함께 전 세계로 전파되었다. 1987년 영국에서 제작된 엘리 코헨의 다큐멘터리 영화 「더 임파서블 스파이(The Impossible Spy)」는 알 아라비야 네트워크를 통해 중동의 아랍권 전 지역에도 방영되었다. 2019년 프랑스에서 미니 시리즈로 제작된 영어 드라마 「더 스파이(The Spy)」 역시 엘리 코헨을 다룬 드라마로 넷플릭스를 통해 전 세계에서 방영되었다. 엘리 코헨의 일대기 「모사드 에이전트 88(Mossad Agent 88)」는 2020년 8월, 아랍권 방송인 알 자지라 방송에서 방영했다. 전설의 스파이, 슈퍼 스파이, 마스터 스파이라고 불리는 엘리 코헨은 모사드가 영웅으로 만들었지만, 엘리 코헨은 다시 모사드를 세계 최고 정보기관으로 만들었다.

올해로(2023년) 최덕근 영사 순국 27주년이다. 국정원 기념품 판매점에 최덕근 기념 티셔츠나 찻잔이라도 만들어 보자. 국정원 교육기관의 적당한 건물에 '최덕근' 이름 석자라도 한번 붙여보자. 뜻이 더 모이면 최덕근의 동판이나 부조도 새기고 흉상이나 동상 건립도 추진해 보자. 내가 내 식구를 존중하지 않는데 남이 나를 알아주길 기대할 수 있으랴. 국정원이 스스로 최덕근을 자랑스럽게 여길 때 국민들도 자연스럽게 최덕근을 찾을 것이다. 국정원에 최덕근의 동상이 생기고, 블라디보스톡에 최덕근의 흔적을 좇는 추모길이 생기는 그날, 최덕근은 한국의 엘리 코헨이 되고, 국정원은 한국판 모사드가 될 것이다.

중국의 샤프파워 전략과 한국의 2022년 6월 지방선거

"정치 글을 쓰자는 건 아니고요. 진짜로 댓글들 중에서 '청화대'라고 쓰신 분들 눌러보면 다 가입이 3월 이후고 쓰신 글들이 가입인사 밖에 없어요. 이렇게 일시에 청화대라고 쓰시는 분들이 한꺼번에 가입해서 집무실 이전을 반대하실 확률이란 ….'"

'용산 맘 카페' 회원이 2022년 3월 20일 '정말 신기하네요'라는 제목으로 올린 글이다.

2022년 3월 22일, 중국 최대 포털 사이트 웨이보(微博)의 실시간 인기 검색어에는 대한민국 청화대의 용산 이전 반대 국민청원 기사가 올라와 있다. 중국인만 보는 포털 사이트의 인기 기사 목록에 청와대 국민청원게시판 관련 기사가 올랐다니 뭔가 석연치는 않아 보인다. 중국 내 또 다른 포털 사이트인 바이두(百度)에는 '중국인을 위한 대한민국 청와대 회원가입 매뉴얼'도 눈에 띈다.

하드파워(hard power)는 상대방의 입장을 변화시키는 능력으로 군사력과 경제력을 의미한다. 따라서 하드파워 전략은 군사력 또는 경제력을 이용한 유인(inducements) 또는 위협(threats)에 의존한다. 소프트파워(soft power)는 가시적인 위협 또는 보상 없이 내가 원하는 결과를 상대방이 원하도록 만드는 능력을 의미한다. 따라서 소프트파워 전략은 매력(attraction)을 이용한 상대방의 선호(preferences) 형성에 의존한다. 샤프파워(sharp power)는 직·간접의 압력, 매수, 정보조작을 통해 영향력을 확대하는 능력을 의미한다. 따라서 샤프파워 전략은 상대방의 정치체제, 사회제도, 가치 등에 대한 신뢰 약화, 정치사회적 분열과 갈등 조장에 의존한다.

중국의 샤프파워 공작은 기본적으로 정치전(political warfare)이다. 민주국가에서는 선거결과에 따라 외교정책의 향방이 결정되기 때문에 중국의 샤프파워 공작에서 선거개입은 중요한 위치를 차지한다. 지금까지 알려진 중국의 선거개입 방식은 대체로 다섯 가지로 요약된다.

첫째, 기업이나 이익단체 등 대리인을 내세워 중국 공산당의 정책에 영합하는 후보나 정당에 은밀한 자금을 지원한다. 둘째, 중국에 비우호적인 후보의 약점을 잡아 비방하거나 폭로한다. 셋째, 중국 정권과 직접 관련 없는 기업인, 개인을 통해 특정 언론사에 상업광고를 몰아주거나 언론매체를 인수 또는 설립한다. 이들 매체들은 친중 후보에게는 유리한 보도를, 비우호적 후보에게는 불리한 보도를 쏟아낸다. 넷째, 중국 공산당의 댓글부대가 온라인 커뮤니타나 SNS에 가짜뉴스를 퍼뜨리고 댓글을 올려 사람들이 특정후보를 지지하거나 반대하도록 유도한다. 다섯째, 중국인 단체, 중국계 언론매체, 중국 유학생과 학자 등을 동원해 친중 후보와 정당을 지원하며, 중국계 유권자들의 몰표를 유도한다.

중국의 선거개입은 뉴질랜드와 호주, 타이완(臺灣) 사례를 통해 외부에 알려지기 시작했다. 뉴질랜드에서는 중국계 후보 또는 친중국 후보에게 거액의 선거 자금을 집중적으로 지원했다. 중국계가 전체 인구의 10퍼센트를 차지하고 있는 오클랜드에서는 중국계 주민들에게 몰표(block voting)를 던지도록 유도했다. 결과적으로 2000년대 들어 중국계 의원이 3명이나 당선되었다. 양지안(Yang Jian, 杨健) 의원은 뉴질랜드로 이민 오기 전 중국군 정보장교로 15년간 복무했던 사실을 숨기고, 정치인이 된 후에는 적극적 친중 정책노선으로 물의를 야기했다. 오클랜드 '중국학생학자연합회(CSSA)' 부회장 출신 내

이시 첸(Naisi Chen, 陈耐锶) 의원은 중국의 통일전선공작에 연계되었다는 의혹을 받고 있다.

　호주에서는 중국어 언론매체의 95퍼센트 이상이 중국의 통일전선공작에 장악되어 있다. 최소 10명 이상의 정치인들이 중국에 매수되었다. 호주 정보당국이 발표한 내용이다. 2017년 12월, '상하이 샘'이라는 별명의 노동당 중진 샘 데스티에리(Sam Dastyari) 상원의원이 주요 직책에서 물러났다. 남중국해 영유권 분쟁에 대해 중국의 입장을 지지하는 등 친중국 행보를 해 온 사실이 밝혀졌기 때문이다. 2022년 2월에는 중국 공산당의 지원을 받는 사업가가 뉴사우스웨일즈주에 출마하는 노동당 후보를 매수하려다 정보기관에 발각되었다.

　2019년 11월 호주로 망명한 중국 스파이 왕리창(王立强)이 2018년 타이완 지방선거 때 중국이 친중 후보들에게 거액의 정치자금을 전달했다고 폭로했다. 중국은 2020년 1월 타이완 총통선거 때도 타이완 기업인들을 통해 국민당 후보에게 거액의 선거자금을 지원했다. 민진당 차이잉원(蔡英文) 후보에게는 '타이완 정부가 국민들의 연금으로 한국과 일본의 관광객을 유치하고 있다'는 가짜뉴스로 공격을 가했다. 중국은 이외에도 중국과 거래하는 타이완 기업들에게 친중적 정당과 후보를 지원하라고 지속적으로 압력을 행사한 것으로 알려지고 있다.

중국은 선전공작기관 '공자학원'을 2004년 세계 최초로 한국에 설립했다. 2021년 6월 현재, 아시아에서 가장 많은 공자학원(23개)을 한국에 두고 있다. 100만 명이 넘는 중국인이 한국에 체류 중이다. 이중 한국어를 자유롭게 구사하며 한중 양국을 자유롭게 드나들 수 있는 한국계 중국인도 70여 만 명이다. 『중국의 조용한 침공』을 쓴 해밀턴 교수는 중국의 전략적 목표를 '미국 동맹의 해체'로 보았다. 중국의 샤프파워 공작에서 한국이 예외가 아님은 불보듯 뻔하다.

중국 공산당의 방침이 결정되고 중국 외교부의 발표가 있으면 제일 먼저 중국 유학생이 앞장을 서고, 다음으로 조선족과 중국인들의 행동이 이어졌다. 한국 체류 중국인과 관련된 중국의 샤프파워 공작이다. 6,500여 명의 중국인 유학생과 중국인이 벌인 2008년 베이징 올림픽 성화 봉송 폭력시위 당시 중국 영사관의 조직적 개입이 있었다는 의혹이 제기되었다. 2016년 촛불시위 때는 6만여 명의 중국 유학생들과 상당수 중국인들이 시위에 참여했었다는 주장도 있었다. 그뿐 아니라 2020년 지방선거 때는 중국 유학생들과 조선족들이 포함된 댓글부대가 여론조작에 가담했었다는 소위 '차이나 게이트' 논란도 벌어졌다.

e-나라지표에서 실시한 2021년 7월 12일 통계에 따르면 한국 체

류 중국인은 107만 566명인 것으로 나타났다. 여기에는 한국 국적을 취득한 조선족 9만 1,392명과 중국인 3만 7,048명은 당연히 포함되지 않는다. 문제는 이중 상당수 중국인들이 중국 공산당의 직간접 통제를 받을 가능성이다.

중국은 시진핑 집권이후 국가안전위원회 주도로 '간첩방지법,' '국가안전법,' '국가정보법' 등을 잇달아 제정, 해외 체류 국민들까지 감시와 통제를 강화하고 있다. 모든 국민은 체류지 여하에 관계없이 중국의 국가기관에 협조해야 한다. 중국의 국가 이익이나 정부 정책에 반하는 모든 행동은 처벌을 받는다. 중국에 가족이 있는 조선족이나 중국인, 돌아가 한 자리 해야 할 유학생들이 공산당의 통제를 벗어나기란 결코 쉽지 않을 것이다.

2022년 6월 1일 지방선거가 실시된다. 공직선거법 제15조(선거권) 2항에 따라 영주권을 획득하고 3년 이상 한국에 거주한 외국인에게는 지방선거 투표권이 주어진다. 이번 선거에 유권자로 참여하는 외국인 12만 6,668명 중 78.9퍼센트인 9만 9,969명이 중국인이라고 한다. 이들이 특정 정당을 지지하고 특정 후보자에게 표를 몰아줄 가능성도 없지 않다. 일부 접전 또는 초접전 지역에선 이들 중국인 유권자가 승패를 가르는 캐스팅보터가 될 수도 있다. '청화대!' 신기한 일만도 아니다.

고양이 목에 방울을 다는 사람들, 민간 정보기관 벨링캣

··· 생쥐 한 마리가 좋은 생각이 있다며 나섰다. 고양이 목에 방울을 달아 놓으면 고양이가 움직일 때마다 방울 소리가 날 것이므로 미리 피할 수 있다는 것이었다. 쥐들은 모두 좋은 생각이라고 감탄하며 기뻐했다. 그때 구석에 앉아 있던 늙은 쥐 한 마리가 "그럼 누가 고양이에게 가서 그 목에다 방울을 달 것인가?"라고 물었다. 그러나 방울을 달겠다고 나서는 쥐는 한 마리도 없었다.

이솝(Aesop) 우화, 「고양이 목에 방울 달기(Belling the Cat)」에 나오는 이야기다. 모두를 위해 절실하게 필요한 일이지만, 그 일에 따르는 위험을 감수할 사람은 찾기 어렵다는 뜻이다. 2021년 2월, 마흔 세 살의 젊은 영국인이 자신의 자서전 『위 아 벨링캣(We are

Bellingcat)』에서 '고양이의 목에 방울을 다는 것, 그것이 우리 단체의 이름이자 사명이다'라고 밝혔다. 공개정보(OSINT)를 기반으로 사실조사(fact-checking)를 하는 탐사 전문단체 벨링캣(Bellingcat)의 엘리엇 히긴스(Eliot Higgins)였다. 벨링캣(Bellingcat)의 성격과 2014년 7월 벨링캣을 만들 당시 히긴스의 남다른 각오를 짐작할 수 있다.

벨링캣은 노트북이 있고 시간만 자유로우면 누구든 범죄를 폭로하고 허위정보를 가려낼 수 있는 정보수집 방법을 창안했다. 벨링캣은 전쟁 지역이나 인권이 침해되고 있는 지역, 범죄가 만연한 지역, 허위정보와 온갖 음모가 창궐하는 지역에서 공익과 진실 추구를 사명으로 했다. 정보수집 활동은 개방적이고, 정보수집 방법은 투명하며, 정보수집 결과는 공개하고, 정보수집 조직은 독립적으로 운영했다. 벨링캣은 시리아 내전에서 시작해, 예멘 내전, 이중스파이 스크리팔(Skripal) 독살 사건, 러시아 야당 지도자 나발니(Navalny) 독살기도 사건, 2021년 미국 국회 의사당 공격 사건, 2022년 러시아의 우크라이나 침공 등에서 정확한 팩트체크로 국제적으로 많은 관심을 모았었고 지금도 관심을 모으고 있다. 히긴스는 9년 전, 고양이 목에 방울을 다는 심정으로 벨링캣을 설립했다. 9년이 지난 벨링캣은 이제 '시민이 주도하는(by the people)' '시민을 위한(for the people)' 정보기관이 되어가고 있다.

2018년 7월, 여성과 아이들이 무방비 상태에서 살해당하는 동영상이 소셜 미디어에 퍼지기 시작했다. 살인범이 동영상을 직접 찍었을 것으로 추정될 뿐, 어디에서 이런 일이 일어났고, 동영상은 언제 찍었으며, 누가 살인자이고, 왜 죽였는지 알 수 없었다. 이때 벨링캣이 추적에 나섰다. 위치는 동영상 속의 지형적 특징을 위성지도와 일치시켰다. 시간은 해시계를 이용한 그림자의 방향과 길이로 산정했다. 살인자의 신원은 정부 기록과 소셜 미디어의 프로필로 특정했다. 카메룬 정부군이 테러단체인 보코하람(Boko Haram)에 연루된 것으로 의심되는 두 명의 여성과 그녀의 아이들을 즉결처분했던 것으로 확인되었다. 2019년 2월, 미국은 카메룬 군대에 1700만 달러를 기부하려던 계획을 철회했다. 유럽 의회는 정부군에 의해 자행된 고문, 실종, 살인을 규탄하는 결의안을 통과시켰다.

2022년 6월 27일, 우크라이나 중부 크레멘추크(Kremenchuk)의 한 쇼핑몰이 미사일 공격을 받았다. 우크라이나 국방부는 쇼핑몰이 가장 붐비는 시간대에 맞춘 계획적 공습이라며 러시아를 비난했다. 러시아는 쇼핑몰을 직접 겨냥한 공습은 없었다고 반박했다. 쇼핑몰 북쪽의 무기와 탄약을 보관하고 있는 공장에 대한 정밀 공습은 있었다고 발표했다. 쇼핑몰의 화재도 탄약 공장 공습에서 발생한 유폭이 쇼핑몰을 덮친 것이며, 더욱이 쇼핑몰은 당시 파업 중이어서 사람이 없었다고 강조했다. 벨링캣은 공장 인근 CCTV에서 쇼핑몰이 먼저 공습을 받고, 공장은 두 번째로 공습을 받는 영상을 확보했다. 쇼핑몰 지붕이 공습으로 납작해진데 비해 불과 500미터 떨어진 공장의 손상은 거의 눈에 띄지 않는 센티넬2(Sentinel-2 L1C) 위성의 이미지 사진도 공개했다. 쇼핑몰 입점업체의 블로그, 쇼핑몰 근무 직원의 인스타그램과 페이스북, 최근 쇼핑몰을 이용한 소비자들의 영수증까지도 제시했다. 당연히 러시아의 반박 주장이 거짓으로 판명되었다. G7정상들은 공동성명을 내고 '무고한 민간인에 대한 무차별적인 공격은 전쟁범죄'라며, 블라디미르 푸틴 러시아 대통령에게 책임을 묻겠다고 천명했다.

히긴스는 고등학교를 중퇴하고 독학으로 컴퓨터를 배웠다. 실직 상태에서 애를 돌보며 여가시간에 취미로 블로그 활동을 했다. 전쟁터에는 가 본 경험도, 잘하는 외국어도 없었다. 그럼에도 세계 최고의 무기 분석가가 되었고, 세계에서 가장 영향력 있는 시민기자가 되었으며 독재국가나 범죄 집단이 가장 기피하는 인물이 되었다. 벨링캣은 전 세계를 무대로 활동하지만 히긴스를 포함한 4명의 관리자, 18명의 정규직원, 30여 명의 자원봉사자로 구성되어 명성에 비해 조직은 단출했다. 벨링캣의 운영자금은 100유로에서 5000유로까지 내는 개인 후원이 가장 큰 비중을 차지했고, 연중 내내 전 세계에서 개최되는 벨링캣의 워크샵 수익금, 아데슘(Adessium)을 비롯한 9개 시민단체의 소액 보조금이 운영자금의 전부였다. 벨링캣은 정보

활동과 조직의 독립성을 보장하기 위해 특정 국가나 정부로부터는 어떤 자금이나 기부금도 받지 않는다는 원칙을 설립 이후 계속 고수하고 있다. 우크라이나 전쟁으로 벨링캣과 가장 각을 세우고 있는 러시아 정보기관과 비교하면 그야말로 다윗과 골리앗의 싸움 격이지만 그 결과는 ….

히긴스의 벨링캣 활동과 러시아의 우크라이나 침공이 공개 정보 활용의 새로운 전기가 되었다. 존 르 카레가 정보기관의 신비를 벗겼다면, 벨링캣은 정보수집의 신비를 벗겼다. 인터넷만 연결되어 있으면 누구나 정보수집을 할 수 있는 시대가 열렸다. 인터넷과 스마트폰 보급률은 대한민국이 세계 최고 수준이다. 전국 어디서나 초고속 인터넷 이용이 가능하다. 세계 최고 인터넷 강국인 대한민국에서 벨링캣 같은 수준급 민간 탐사 전문단체가 없다는 것이 오히려 이상한 일이다. 대한민국에서도 이제 민간인이 고양이 목에 방울을 달 때가 되었다. 어디 함께 방울을 다실 분 없나요?

3부 주사파와 생계형 스파이

주사파와 생계형 스파이

'생명이 다하는 순간까지 원수님과 함께'
'원수님의 충직한 전사로 살자'

　국가정보원이 적발한 '자주통일 충북동지회' 간첩단 사건 피의
자들이 김정은 위원장에게 혈서로 쓴 충성 맹세문이다. 북한 정보
가 엄격하게 통제되던 1980년대도 아니고 개명 천지 21세기 대한민
국에서 일어난 충격적인 사건이라 일반 국민의 상식으로는 도저히
납득하기 어려울 듯하다.

　과거 간첩단 사례를 보자. 북한 권력 서열 22위 최고위급 대남공
작원 이선실(1917~2000)이 10년간 서울에서 암약하다 1992년에 적발되

었다. 정당 대표까지 포섭하고 세 개의 간첩망에 400여 명이 가담해 조직을 결성한 것으로 드러났다. 세상을 놀라게 한 남한 조선노동당 중부지역당 사건이다.

98년 12월 17일 남해안을 빠져나가던 북한 잠수정이 격침되었다. 서울 법대 출신으로 『강철서신』의 저자이자 80년대 주사파의 원조로 유명한 김영환이 지하당을 창당하고 암약했던 사실이 드러났다. 99년 터진 민족민주혁명당(민혁당) 사건이다. 간첩단 사건이라면 대개 이 정도는 돼야 한다고 생각할 것이다. 그런 측면에서 보면 충북동지회 사건은 기존의 간첩단과는 달라서 의문을 가질 수도 있을 듯하다.

92년 중부지역당 사건, 99년 민혁당 사건, 2006년 일심회 사건, 2011년 왕재산 사건, 그리고 이번 충북동지회 간첩단 사건 모두 핵심 관련자들이 80~90년대 학번 주사파들이란 공통점이 있다. 모두 북한 문화교류국을 상부선으로 연결된 공통점이 있다. 하지만 이번 충북동지회 사건은 몇 가지 다른 점이 있다.

첫째, 같은 주사파이고 상부선이 동일하더라도 2000년을 전후해 주사파의 위상, 간첩 활동의 내용과 양태가 다르다. 2000년 이전 주사파는 대학 운동권의 주도 세력이었지만, 90년대 중반 북한에서 수백만이 굶어 죽은 '고난의 행군' 대참사를 경험한 이후 핵심 분자들이 대거 주사파를 이탈했다. 북한은 이들 주사파와 연계해 남로당과 같은 대규모 지하당을 창당하기 위해 정예 대남공작원을 남파했다.

2000년 이후 주사파는 대부분 주변부에서 활동하는 인물들이다. 지적 수준이 떨어져 상황 판단을 제대로 못하는 부류도 있다. 겉멋만 잔뜩 들어있어 제대로 된 공작 활동을 수행할 수 없는 경우도 있다.

둘째, 2000년 이후 간첩 활동은 그전보다 진입 장벽이 많이 낮아졌다. 간첩 활동이 수월해졌다는 의미다. 그전에는 간첩으로 잡힐 경우 10여 년의 장기 투옥과 고문에 대한 두려움이 있었지만, 2000년 이후 진보정권의 등장과 남북 화해 분위기에 편승해 간첩죄라도 대개 3~4년만 복역하면 출소가 가능해졌다. 생활고를 겪는 중·하부 주사파는 북한과의 접촉에 유혹을 느낀다. 무지한 용감성은 북한 공작기관의 실적 유지 필요와도 맞물린다.

셋째, 2000년 이후 친북·통일 운동은 민주화운동의 일환이라는 인식이 정치권에 광범위하게 형성되었다. 북한을 추종하는 행위는 '깨어있는 의식'으로, 국가보안법 위반 전력을 훈장처럼 여기는 세력도 있다. 이런 사회 분위기의 변화는 간첩을 양산했고, 심지어 간첩 활동을 민주화운동으로 간주하는 그릇된 믿음을 갖게 했다.

일각에서 제기한 간첩 조작 의혹에 대해 박지원 국정원장은 "간첩 조작은 과거 사례"라고 일축했다. 빼도 박도 못할 증거들이 차고 넘친다는 확신일 것이다. 국정원은 이번 충북동지회 간첩단 사건을 국보법 수사의 전환점이 되도록 해야 한다. 국보법 위반자 몇 명을 검거하는 것보다 중요한 일이 있다. 국정원은 3년 뒤 대공 수사권의 경찰청 이관에 위축되지 말고 자신감을 갖고 수사에 임해야 한다. 이번 사건을 계기로 통일운동은 간첩 활동 및 친북 활동과 분명히 선을 그어야 한다.

스파이와 기업인

서울의 탈북자 A는 몇 달 전 평양 과기대 출신으로 중국에 나와 있는 B로부터 "유엔 제재로 작업이 줄어들어 중국에서 잘렸다. 코로나 때문에 조선에 들어가지도 못한다. 남한과 IT 작업을 할 수 있도록 선을 연결해 달라. 아니면 네가 작업을 따서 우리들에게 넘겨주던지. 현재로선 우리가 할 수 있는 일은 이것밖에 없다. 도와 달라"는 절박한 연락을 받았다.

B와 같이 오도 가도 못하는 북한 IT 인력들은 중국에만 대략 2,000명, 세계적으론 수천 명에 이른다. 국경마저 봉쇄한 비정한 조국이지만 이들은 때마다 김정은에게 충성자금을 바쳤다. 가족 송금

도 거를 수 없었고 체류비도 만만찮았다. 눈에 불을 켜고 돈벌이를 찾아야 했다. IT 인력이라는 것이 일반적으로 악의적 사이버 활동과는 무관한 분야지만, 돈 되는 일이면 뭐든 찾아야 하는 처지가 되고 말았다. 상납할 돈을 구하지 못하면 '조국의 미래를 위한 작업'이란 명목으로 남한의 기밀자료라도 해킹해 갖다 바쳐야 했다. 그들은 그렇게 사이버 전사가 되어 갔다.

북한 정권을 배후로 하는 전문 해커집단이 안보기관이나 방산기업·금융망·에너지 시설 등 국가를 대상으로 한 핵심 인프라 공격이나 정보 탈취를 시도할 때, 사이버 전사로 변모한 IT 인력들은 비즈니스·건강·SNS·스포츠·게임·생활 등 일상으로 파고들었다.

올해(2022년) 여름, 어느 지방에서 북한 IT 인력이 개발한 자동사냥게임 프로그램을 판매하고 수익금 일부를 북한에 제공한 게임업자가 구속되었다. 자동사냥게임 프로그램은 사용자가 캐릭터를 직접 조작하지 않고도 자동으로 아이템을 획득하는 프로그램으로, 2011년과 2016년에도 유사한 사건이 적발된 바 있었다. 게임 아이템의 시장규모가 2조원에 육박하고 있어 북한도 개입 유혹을 쉽게 떨쳐 버릴 수가 없었던 모양이다.

지난 12월 8일, 정부는 북한 IT 인력의 위장취업을 경고하는 주의보를 발표했다. 북한 IT 인력에게 일감을 발주하고 비용을 지불하는 행위는 기업들의 평판을 해칠 뿐 아니라 유엔 안보리의 대북제제 결의를 위반할 소지가 있고 경우에 따라서는 국내법에 따라 처벌될 수도 있다며 기업들의 각별한 주의를 요구했다. 주의보의 방점은 북한의 핵과 미사일 개발에 사용되는 자금을 원천 차단하는 데 있었다. 기업이나 사회가 받을 피해는 거론되지 않았다.

앞에서 제시된 게임 프로그램 사례로 북한 IT 인력과 남한 기업 합작의 득실을 살펴보자. 북한 IT 인력에 게임 프로그램 개발을 의뢰하면 남한 기업은 1/3이라는 저렴한 비용으로 세계적 수준의 프로그램을 개발할 수 있고, 개발과정에서 의뢰자와 개발자간 수월한 의사소통이라는 장점을 얻는다. 다음은 단점이다. 북한의 개발자가 계약자로서 얻은 접근 권한을 활용해 남한 기업의 영업비밀을 탐지하거나 컴퓨터 시스템을 감염시킨 후 막대한 몸값을 요구할 수 있다. 게임에 참가한 수십 만 명의 개인 정보가 북한이나 중국으로 유출될 수 있다. 게임 프로그램이 설치된 PC가 좀비 PC로 북한의 대남 사이버 테러에 악용될 수 있다. 남한 기업은 파산하고, 사회는 회복할 수 없는 손실을 당함으로써 기업가는 씻을 수 없는 오명을 남긴다. 소탐대실이다.

정부는 '북한 IT 인력에 대한 주의보'에서 기업이 주의해야 할 사항을 조목조목 제시했다. 그러나 경찰 열 명이 도둑 한 명 못 잡는다. 작정하고 달려드는 놈은 이기기 어렵다. 죽기 살기 절박한 심정의 북한 IT 인력들을 워라밸(Work-Life Balance)의 남한 공무원이나 공공기관이 제대로 대응할지 의문이다. 게다가 북한의 사이버 공격 역량은 세계 최고 수준이다. 북한의 사이버 공격에 의한 피해 사례는 들어 봤어도 북한의 가해자를 잡았다는 말은 아직 들어보지 못했다. 관건은 기업보안에 대한 최고경영자의 확고한 의지다. 최고경영자의 보안에 대한 절박한 심정이 없으면 호미로 막을 것을 가래로도 못 막는다. 북한 핵개발 자금의 원천 차단은 최고경영자의 보안 의식이 시작이다.

어느 주사파 간첩의 북콘서트, 적에서 동지로

"고마웠습니다. 제가 그동안 상대해 왔던 사람들에 대한 진실, 우리 사회 그 누구도 입에 올리기를 꺼려했던 진실을 저자가 저 대신 말을 해주었습니다. 26년 전 안기부 조사실에서 제가 저자에게서 느꼈던 저의 직관이 결코 틀리지 않았다는 확신을 가지게 해 줘서 더 고마웠습니다."

책을 읽은 소감을 묻는 북콘서트(민경우 작가의 『스파이 외전』) 진행자의 첫 질문에 내가 이렇게 답변했다.

"간첩과 수사관, 수사관과 간첩이 이렇게 한 자리에 앉아서 과거를 회상한다는 것이 사실 쉽지 않은 일이라고 생각하는데, 이런 날이 오리라고 생각하셨나요?"

"저자와 제가 간첩과 수사관이라는 서로 대척적인 입장에서 만났지만 서로가 지향하는 목표나 방향, 역사에 대한 인식은 같지 않았나, 그런 일치된 방향과 인식들이 오늘 이 자리를 만들었다고 생각합니다."

"26년 전 저자를 만났을 때 첫인상은 어땠나요?"

"수사관마다 자기 경험에 따라 주사파 운동권에 대한 프로파일이 다를 수 있겠지만 저자는 제가 가지고 있던 운동권의 일반적 프로파일과는 달랐습니다. 당시 주사파 운동권들은 지방출신이 많았고, 경제적으로 넉넉한 사람은 많지 않았습니다. 부모님들이 이북 실향민 출신인 경우도 잘 없었고요. 그런데 저자는 서울에서 태어나 서울에서 성장했습니다. 재력 있는 실향민 집안의 막내아들로 태어나 서울대 의대를 들어갔습니다. 쉽게 수긍되지 않는 프로파일이었습니다."

"프로파일이 뭔가요? 수사에는 잘 협조했나요?"

"범죄자의 특성들을 통계적으로 분석한 것을 말합니다. 보통 주사파 운동권들은 잡혀 와서도 어쭙잖은 권위의식과 영웅심리로 허세를 부리는 경우가 대부분인데 저자는 그렇지 않았습니다. 범민련 사무처장이면 운동권에선 나름 행세하는 자리였지만 저자는 겸손하고 솔직했습니다. '당신들은 당신 일 하는 것이고, 나는 내 신념대로 산다'며 명백한 증거는 받아들였고, 김일성에 대한 맹목적 충성 표시도 없었습니다."

"저자는 80년대 중반부터 90년대 초반까지 학생운동의 뿌리를 북한의 위장조직인 한민전('한국민족민주전선'의 약칭)이라고 말하고 있습니다. 동의하시나요?"

"한민전이 1월 1일 신년메시지를 발표하면 '전대협의 신년서한'이라는 이름의 똑같은 내용이 며칠 뒤 전국 대학가에 배포되었습니다. 한민전에서 어떤 투쟁구호가 제시되고 다음날이면 학생들의 데모 현장에선 어김없이 똑같은 투쟁 구호가 출현했습니다. 어떤 주사파 학생은 '한민전에 충실한 일꾼'이라는 의미로 자신의 가명을 '한충일'로 지었습니다. 이 정도면 한민전과 주사파의 관계를 충분히 짐작할 수 있을 것으로 생각합니다."

"저자는 책에서 '북한이 우리를 가지고 놀았다!' '아마추어와 프로가 따로 없었다!' 라는 표현을 썼습니다. 당시 북한과 주사파와의 관계를 한 마디로 정리하자면?"

"'부처님 손바닥에서 놀아난 손오공' 정도로 표현할 수 있겠습니다. 그런데 문제는 이 손오공들이 자신이 부처님 손바닥에서 놀아났었다는 사실을 알지 못하거나, 일부 눈치 챈 사람들도 애써 그 사실을 모르는 체 하거나 부인하고 있다는 것입니다."

지난 연말, 북한의 스파이로 활동했던 한 인물의 북콘서트에 참여했다. **'어제의 적이 오늘의 동지가 되었다'**는 컨셉이었다. 스파이는 자신이 쓴 책의 목표를 '운동권 정치인들이 지금 주장하는 바가 틀렸음을, 그들의 뿌리 중 하나인 한민전을 통해 폭로하는 것'이라고 했다. 그런데 그 스파이가 중요 보직에 임용된 지 하루 만에 스스로 물러났다. 과거 발언에 대한 논란 때문이었다. 변명도 없었다. 조직에 누를 끼치고 싶지 않다고 했다. 26년 전 그 스파이에 대해 내가 느꼈던 나의 직관이 결코 틀리지 않았다. 과연 '민경우'였다.

『스파이 외전』의 저자 '민경우'에 얽힌 에피소드 세 가지

에피소드 하나
법원에서 만난 민경우 친지, "선생님 안녕하세요?"

지금은 어떤지 모르겠지만 안기부에서 수사한 피의자는 검찰 송치 후 법원에서 재판을 받을 때도 안기부에서 동향을 파악했다. 피고인이 안기부에서 수사를 받을 때 한 진술과 재판정에서 하는 진술이 서로 다르면 신속한 대처가 필요했기 때문이다. 안기부 수사관은 피고인이 유죄판결을 받을 수 있도록 재판이 끝날 때까지 검찰의 공판 활동을 지원했다.

민경우가 서울지법에서 재판을 받을 때였다. 그날도 공판정에 나가 방청석 제일 뒷자리에 앉았다가 나오는데 민경우 친지 중 한 분과 마주쳤다. 순간 땀이 났다. 나는 혼자고 상대측은 수십 명이었다. 무슨 봉변을 당할지 모를 일이었다.

그런데 그 친지가 반갑게 내 손을 잡으면서, "선생님 고맙습니다. 바쁘실 텐데"하고 인사를 건넸고, 그 찰나의 순간 나도 "걱정 많이 되시죠, 잘 될 겁니다. 힘내세요.. 그럼 바빠서 이만 …." 뒤도 안돌아보고 현장을 이탈했다. 그리고 다음 공판부터는 다른 후배가 나갔다.

민경우의 가족은 나를 범민련이나 시민단체에서 일하는 활동가로 오해했던 것 같다. 당시 안기부는 민경우를 체포하기 위해 민경우가 은신해 있을 만한 곳에 수사관들을 잠복시켰다. 나는 민경우의 방배동 본가와 민경우 가족이 운영하는 한양대 인근 음식점을 맡았다. 낮에는 가족이 운영하는 음식점에서 손님으로 가장해 식사를 하거나 차를 마시면서 시간을 보냈고, 밤에는 방배동 본가 앞에서 밤을 새웠다.

그렇게 십여 일, 민경우 주변에서 시간을 보내면서 민경우 친지들에게 내 얼굴이 눈에 익게 되었던 것 같다. 누군지는 정확히 모르겠지만 내가 민경우와 친분 있는 사람쯤으로 여긴 듯하다. 아직도 법원에서 마주친 그분 얼굴이 눈에 생생하다.

에피소드 둘
"아저씨, 제 장난감 돌려주세요!"

2021년 8월, 우연한 기회에 민경우 소장이 운영하는 분당의 수학연구소를 방문했다. 방문한 이유는 다음 기회에 말하기로 하고, 24년 만의 만남이었다. 민 소장은 이미 언론에 많이 노출되어 있어 나는 민 소장을 한 눈에 알아봤고, 민 소장도 나를 바로 알아보는 것 같았다. 그때 사무실의 한 청년이 "아저씨 제 장난감 돌려주세요"라고 하는 것이 아닌가?

"아니! 장난감이라니! 무슨 장난감?"
"아저씨가 제 장난감 가져가셨잖아요?"

순간 나는 당황해서 말문이 막혔고 그때 민 소장이 아들이라고 소개했다. 아들이라니! '아 그때 그 애! 그 어린애가 벌써 이런 청년이 되었나?'

민 소장의 아들은 1997년 안기부 수사관들이 방배동 자기 집을 압수수색할 때 자기 장난감을 가져갔다고 했다. 압수라는 것은 범죄와 관련된 물품을 수사기관이 몰수하는 것을 말하는데, 현장에서는 범죄와의 관련성을 바로 확인 불가능한 경우가 많고, 장난감에도 범죄관련 물품을 은닉할 가능성이 있어 수사관들이 아마 아들의 장난감도 같이 가져간 것이라 생각했다.

나는 민 소장의 아들에게 "자네가 말하는 그 장난감은 전혀 생각이 나진 않지만 일단 미안하네! 꼭 그 장난감을 돌려받길 원한다면 내가 지금이라도 사 주겠네"라고 했고, 아들은 그저 웃기만 했다. 장난감은 게임 프로그램이 들어있는 플로피 디스크로 확인되었다. 나는 민 소장에게 아들이 장가가서 손자를 낳으면 꼭 장난감 하나를 사주겠다고 약속했다. "어이 아들! 30년 되기 전에 아저씨가 빚을 갚도록 해줘!"

에피소드 셋
"선배님! 민경우 만나면 손해배상 꼭 청구해 주세요!"

내가 민경우의 북콘서트에 출연한다고 하자 예전에 같이 근무했던 후배에게서 연락이 왔다. "민경우 만나면 재킷 상의 한 벌, 티셔츠 하나, 허리띠 한 개 값을 꼭 받아 주세요!" 물론 농담이었지만 사연은 다음과 같다.

종로 5가 범민련 사무실 인근 구멍가게에서 아이스케키를 입에 문 채 꾸벅꾸벅 졸고 있던 후배 앞으로 30대 초반 남자가 쓱 지나 갔다. 다른 사건으로 며칠 째 밤을 새웠던 후배는 그냥 지나가는 말투로 "어이! 민경우!"하고 가볍게 불러보았는데, 그 남자가 부리 나케 도망가는 것이 아닌가! 민경우는 그렇게 어이없게 체포되었다.

통상 체포는 공범이 있을 때는 미행을 통해 일망타진하고 단독 범도 인적이 드문 곳에서 은밀히 체포하는 게 정석이다. 그런데 그 날 민경우의 체포는 이렇게 얼떨결에 이루어졌고 그런 와중에 후배 가 받은 피해가 적지 않았다.

민경우는 동료들에게 자신의 체포사실을 알리기 위해 격렬하게 저 항했다. "애국시민 여러분! 악랄한 안기부 직원이 무고한 시민을 잡 아가고 있습니다." 고래고래 고함도 질러댔다. 십여 분의 몸싸움 끝 에 겨우 수갑을 채우고 보니 후배의 재킷과 티셔츠는 찢어져 너덜댔 고 가죽 허리끈은 실밥이 터져 있었다.

민경우는 안기부의 고문을 피하기 위해 평소 혀 깨무는 연습을 했다고 했다. 그저 얼굴만 몇 대 가격하면 체포 과정이 그렇게 힘들 지 않았을 것인데 수사관은 그냥 뒤에서 감싸 안기만 할 뿐 물리적 인 폭력은 사용하지 않았다고 했다. 민경우는 그때부터 안기부에 대 한 자기 생각에 뭔가 오류가 있음을 느끼기 시작했다고 했다. 내가 북콘서트에서 후배의 손해배상 요청 사실을 전하자 민경우는 웃으 면서 아들 장난감에 대한 손해배상과 '퉁치자'며 너스레를 떨었다. 후배에게 민경우 소식을 전하니 후배도 기분 좋게 웃었다.

4부 스파이와 계급

도산 안창호는 스파이

셰익스피어에 비견되는 위대한 극작가 크리스토퍼 말로(Christopher Marlowe), 『군주론』의 저자 마키아벨리(Niccolo Machiavelli), 『로빈슨 크루소』를 쓴 다니엘 디포(Daniel Defoe), 영국 수상을 두 번이나 지낸 벤자민 디즈레일리(Benjamin Disraeli), 『인간의 굴레』와 『달과 6펜스』로 유명한 서머싯 모옴(William Somerset Maugham), 『노인과 바다』로 노벨문학상을 받은 헤밍웨이(Ernest Miller Hemingway), 세계적 패션 디자이너 코코 샤넬(Coco Chanel) …

극작가, 학자, 언론인, 정치인, 소설가, 디자이너 등, 외견상 어느 하나 서로 통할 것 같지 않은 이들이지만 이들에겐 공통분모가 하나 있다. 눈치 빠른 독자들은 이미 제목에서부터 공통분모를 짐작했을 거다. 그렇다! '스파이(Spy)'다. 이들은 신분을 위장한 채 데스크에서 크고 작은 정보활동을 기획하거나, 현장에서 직접 공작활동에 뛰어든 프로 '스파이'들이었다.

이런 사례는 길지 않은 우리 정보 역사에서도 어렵사리 찾을 수 있다. 도산(島山) 안창호(安昌浩) 선생도 그랬다. 선생은 일제 강점기 시절 국권회복과 인재양성을 위해 신민회와 대성학교 및 흥사단을 세웠다. 임시정부에서는 '내무총장'과 '국무총리 대리,' '노동총판'을 역임했다. 역사는 도산을 독립운동가, 사상가, 교육자, 정치가로 기억하고 있다.

그러나 도산은 내무총장 시절, 국내와의 비밀 연락망으로 연통제(聯通制)와 교통국(交通局)을 설치 운영했다. 국내조사원과 특파원을 통해 독립운동 자금과 인원을 조달했고, 적(敵)의 실정과 민심 동향도 수집했다. 임시정부가 어느 정도 정비가 되자 노동총판이었던 도산은 종전의 연통제·교통국·국내조사원·특파원을 통해 수행해오던 정보활동을 조직·체계화했다. 지방선전부(地方宣傳部)와 선전대(宣傳隊)를 설치하고, 본인이 지방선전부의 총판을 맡아 선전대원을 직접 물색하기도 했다.

"지방선전부는 내외에 있는 국민에 대한 선전사무를 강구 집행하는 비밀 기관으로 한다(지방선전부 규정 제1조)."

"총판은 국무총리에 예속하며 선전에 관한 일체 사무를 통할한다(지방선전부 규정 제3조),"

"선전대원은 왜(倭)의 정책에 관한 사항, 정부에 대한 민심의 요구, 제반 독립운동에 관한 사항 등을 상세히 심사하여 매주 한 번씩 반드시 대장에게 보고 한다(선전대 설치 규정 제7조)"

"조국광복의 목적을 달성함에는 먼저 국민의 사상을 통일하고 그 정신력을 통합하는데 있다. 이를 위해 선전 대원은 민정(民情)을 찰지(察知)하고 정부의 주의(主義)를 선전함을 요한다(선전대 복무규정 제1조)"

1920년 3월 10일에 공포된 위의 세 법령에 명시된 지방선전부의 성격 규정이나 선전대의 임무, 선전대원의 복무규정은 임시정부의 정보활동을 잘 설명하고 있다. 지방선전부는 임시정부의 정보기구였고 지방선전부 총판 도산은 임시정부의 초대 정보수장(首長)이었다. 역사는 이제 도산 안창호 선생을 독립 운동가, 사상가, 교육자, 정치가에 더하여 스파이로도 기억해야할 것이다.

우리나라 최초 스파이 교재, 의열단의 정보학 개론

1936년 5월 일본 내무성 경보국(警保局) 보안과에서 발간한 『외사경찰자료 제9집』과 1937년 조선총독부 경무국 보안과에서 발간한 『고등경찰보 제6호』에 의열단(義烈團)의 『정보학 개론(情報學槪論)』이 일본어로 수록되어 있다.

1935년 5월 15일 중국 남경(南京)에서 의열단 교관 이춘암(李春岩)이 정보학 강의를 위해 자신의 공작활동 경험과 소련 비밀경찰 '게페우(GPU, KGB 전신)'자료, 전임(前任) 교관 강의 자료를 종합하여 편집한 것이다. 사륙(4·6)판 크기, 등사판 인쇄, 108쪽 분량으로 알려지고 있는 한글 원본은 아직 발견되지 않고 있다.

구성은 제1 첩보업무 편, 제2 특무공작 편, 제3 공작실시 편, 제4 통신방법 편, 제5 마취와 암살 편, 제6 게페우, 제7 우편검사 편으로 되어 있다.

저자는 2차 세계대전 발발을 예측하고, 민족 최후의 생사를 결판내기 위해선 반드시 전쟁에 참가해야 한다며 국가차원의 정보활동 방향을 제시했다. 국가 정보기관과 부문 정보기관을 구분하고, 첩보의 다양한 출처와 전·평시 첩보수집 목표도 세분화했다.

선전공작·정치공작·준군사공작이 포함된 비밀공작을 특별히 강조했다. 의열단원이면서 중국군 정보장교로 활동하던 저자의 현장 경험에, 전임(前任) 교관이었던 협중용(協中庸)의 강의 자료를 추가했다. 비밀경찰의 역사가 오랜 제정 러시아의 정보이론과 소련의 '게페우 공작이론'도 그대로 접목했다. 전임 협중용도 국민당의 비밀정보기관 남의사(藍衣社)의 정보요원이었으니, 풍부한 현장 사례와 당시로선 선진이론의 결합이었다고 볼 수 있다.

미흡하지만 방첩의 중요성도 역설했고, 문서와 통신보안도 빠뜨리지 않았다. 마지막으로 선진 외국 정보기관까지 소개했다. '정보분석,' '정보정책' 등 일부 언급되지 않은 분야가 없진 않지만, 최근 국가 정보학 책자에서 다루고 있는 거의 모든 분야가 망라되어 있다.

'정보분석'과 '정보정책' 개념이 비교적 현대적 개념인 점을 고려한다면, 의열단 정보학 개론을 80여 년 전 당시의 국가 정보학으로 보아도 무리가 아니다. 그런 점에서 의열단 정보학 개론의 정보사적(情報史的) 가치는 다음과 같다.

첫째. 우리나라 최초의 '국가 정보학'이다.

우리나라 최초의 근대적 형태 비밀정보기관으로 알려진 제국익문사(帝國益聞社, 1902. 6. 설립)와 임시정부 정보기관인 지방선전부(地方宣傳部, 1920. 6. 조직)의 경우, 기관 자체 사료(史料)는 일부 확인된 바 있지만 정보요원 교육 자료에 대해서는 알려진 바가 거의 없다.

1910년 국권 상실이후 한국 청년들이 군사간부로 양성되던 국내외 전(全) 군사 교육기관 중 '정보학' 명칭의 과목이 최초로 강의된 곳이 '의열단간부학교'이고 그때 사용되었던 교재가 바로 의열단원 이춘암이 편찬한 '정보학 개론'이다.

둘째, 우리나라 독립운동사에서 특무공작을 체계적으로 정리한 유일한 자료다.

일본은 근대적 국가로서 청·일 전쟁, 러·일 전쟁, 그리고 1차 세계대전에서도 승리한 막강한 제국주의 국가였다. 종전의 독립운동 방략(方略)으로 조국 광복을 얻기란 불가능했다. 근대적 조직을 갖춘 막강한 일본군을 무력으로 물리치고 식민 지배를 종식시키기 위한 방략은 오로지 특무공작밖에 없었다. 이렇게 해서 출현한 것이 1930년대 초반 '한인애국단'과 '의열단간부학교,' '한국특무대 예비훈련소' 등이다.

이후 무력 독립투쟁 교육의 중점은 특무공작에 비중을 두기 시작했다. 그러나 여러 독립운동단체에서 특무교육을 실시했다는 기록은 있지만, 구체적인 교육 내용은 찾기가 쉽지 않고 강의 교재는 더더욱 발견되지 않는다. 이러한 현실 상황에서 특무공작의 사상적 배경·조직 대상·범위·기법, 특무 공작원의 채용·훈련·규율 등을 체계적으로 기술해 놓은 의열단 정보학 개론의 정보사적 사료 가치는 크다고 하지 않을 수 없다.

이스라엘에 모사드가 있다면 우리에겐 삼성이 있다?

'세계의 백신 공장'이라 불리는 인도가 지난(2021년) 3월부터 백신 수출을 금지하고 있다. 유럽연합(EU)은 백신을 수출할 때 회원국의 승인을 받도록 백신수출 통제를 더욱 강화하고 있다. 미국은 대통령까지 나서서 '다른 나라로 보낼 수 있을 만큼 충분한 백신은 가지고 있지 못하다'며 동맹국들에게 양해를 구했다. 바야흐로 세계적 백신 부족 상황에서 대한민국은 2021년 5월 들어 75세 이상 고령층에 대한 화이자 백신 접종을 중단하기 시작했다. 아스트라제네카 백신 접종도 언제 중단될지 모른다. 정부가 확보한 백신 물량이 수요에 비해 턱없이 부족하기 때문이다.

문재인 대통령은 2020년 한 해 동안 청와대 참모회의 등에서 10 차례 넘게 '백신 확보'를 지시했다고 한다. 국가안전보장회의(NSC)도 백신 확보를 위해 외교안보 분야에서 모든 역량과 노력을 집중하기로 결의했다. 질병관리 전문가들도 이구동성으로 '감염병과의 싸움은 정보전이 기본,' '국정원 해외 네트워크 총동원'을 주문했다. 언론은 언론대로 백신확보에서 보여준 모사드의 역할을 부각시키며 국정원이 물밑에서 개입해 줄 것을 촉구했다.

　　대통령과 국가안전보장회의(NSC), 전문가 집단, 언론 등 국민의 생명과 안전을 책임지는 공사(公私) 모든 기관·단체가 국정원이 코로나 백신 확보에 적극적으로 나서 줄 것을 요청하고 있지만, 국정원은 여전히 소극적이다. 지난달에 구성된 관계부처 합동 「범정부 백신도입 TF」에도 국정원의 모습은 보이지 않는다. '코로나19'와 관련하여 국정원이 한 역할은 박지원 원장과 직원들이 '코로나19' 이재민들을 돕기 위해 1억 23만 4,000원의 성금을 냈다거나, 강화도에 있는 국정원 안보수련원을 자치단체에 '생활치료센터'로 제공했다는 사실, 국회 정보위에 코로나 백신 원천 기술에 대한 북한의 해킹 시도를 보고한 정도가 거의 전부다.

　　"현재 진행 중인 대공 수사는 '경찰 사수, 국정원 조수'로 협업하고 있다."

"3년이 지나면 대공수사권이 경찰에 완벽하게 이관될 수 있도록 하겠다."

"이 문제야 말로 CVID, 즉 '완전하고, 검증가능하며 되돌릴 수 없는 대공수사권'이라는 각오로 실천하고 있다."

"최근 로맨스 스캠, 해킹, 국제연계 마약조직, 국제금융 사기 등의 범죄 예방을 위해 노력하고 있다."

"예방적 차원에서 범죄 예방과 위험을 알리고 있다."

지난 달 중순 비공개 간담회에서 박지원 국정원장이 밝힌 국정원의 최근 활동 동향이다. 전 세계 정보기관이 백신 확보를 위해 치열한 스파이 활동을 벌이고 있고, 국내에서도 매일 500여명의 확진자가 발생하고 있는 와중에 '코로나19'에 대한 언급은 단 한 마디도 없다.

국가 정보기관은 국가의 정책수립과 집행에 필요한 정보를 수집하고, 국가의 안보와 이익을 수호하는 기관이다. 범죄의 근원이 아무리 해외를 기반으로 한다 하더라도 사기와 같은 개인적 범죄에 대한 예방 정보는 국가 정보기관의 역할이 아니다. 박지원 원장이 간

담화에서 밝힌 여러 사기 범죄 유형 중 특히 '로맨스 스캠'(SNS상에서 이성의 환심을 산 뒤 재산상 사기 피해를 입히는 범죄)은 피해 건수나 피해금액의 다과(多寡)를 떠나서 국가 정보기관이 할 일은 아니다. 소 잡는 칼로 닭 잡는 격이다. 밥 팔아서 똥 사먹는 셈이다. 이런 활동을 하라고 국가 정보기관이 존재하는 것은 아니다. 국정원은 정보기관으로서의 역할을 해야 한다. 항간에 '이스라엘에 모사드가 있다면 우리에겐 삼성이 있다'라는 말이 농담 삼아 회자되고 있다.

어느 정보기관장의 스파이 수사

빨갱이, 종북주의자, 대표적 친북인사, 적과 내통하는 사람, 북한 핵 개발의 일등 공신, '국가기밀 샐 수 있어,' '박지원 국정원장 임명은 북한의 요구,' '정권 눈치 살피며 안보사범 잡겠느냐'….

박지원 전 의원이 국정원장으로 지명되었을 때 시중에 떠도는 말들이었다.

박 원장은 취임 후 첫 인사에서 주사파 핵심 전력이 있는 인사를 국정원 고위 간부로 등용하고, 대공수사권 폐지를 중점 사업으로 추진했다. 결국 2020년 12월 13일, 3년 뒤 수사권을 완전 폐지시키는 국정원법 개정안이 국회 본회의를 통과했다. 2021년 4월, 박 원장은 "3년이 지나면 대공수사권이 경찰에 완벽하게 이관될 수 있도록 하겠다. 이 문제야 말로 CVID, 즉 '완전하고, 검증가능하며 되돌릴 수 없는 대공수사권'이라는 각오로 실천하고 있다"며 수사권 폐지의 결연한 의지를 다시 보여주면서, 국정원 창설 60주년을 기념하는 원훈석(院訓石)에 통혁당 간첩 사건으로 20년을 복역한 신영복의 서체(書體)까지 새기게 했다.

이런 행적의 박지원 원장이 국정원에서 간첩 수사를 한다니 이런저런 말들이 많다. 구속된 피의자들이 2017년 대선 때 문재인 후보의 노동 특보로 활동한 바 있고, 2020년 10월엔 당시 외교통일위원장이었던 더불어민주당 송영길 대표와도 만났다고 한다. 대선을 불과 7개월 앞두고 터진 간첩단 사건이니만큼 그 후폭풍은 아무도 예측할 수 없으니, 청와대·국정원 갈등설이 나오고, 국정원 내권력 암투설도 제기되었다. 급기야 간첩단에 대한 구속영장이 발부된 다음 날인 8월 3일, 유튜브 방송가에는 하루 종일 박 원장의 사표설까지 떠돌았다.

정확한 내막이야 알 수 없지만 한 가지 확실한 것은 여기에는 박원장의 결단이 있었을 것이라는 짐작이다. 혹자(或者)는 빼도 박도 못할 많은 증거들이 발견되었기 때문에 박 원장도 어쩔 수 없었을 것이라고 한다. 또 혹자(或者)는 피의자들이 주고받았던 84건의 지령문과 보고문에 전 자유한국당 대표 황교안, 더불어민주당 송영길, 유력 대선후보 윤석열, 광화문 집회의 전광훈 목사 등, 박 원장도 쉽게 감당하기 어려운 인물들이 다수 등장한 것도 수사를 막지 못한 이유 중 하나였을 것으로 추정하기도 한다. 수사에 참여하고 있는 다국적군(국정원·검찰·경찰)의 적지 않은 눈과 귀와 입을 모두 막을 수 없었을 것이라는 분석도 있다.

그럼에도 박지원 국정원장의 결단을 짐작할 수 있는 부분이 있다. 국정원은 원장을 정점으로 위계질서가 엄격한 조직이다. 원장의 재가가 없으면 압수수색이나 구속영장은 절대 청구할 수 없는 조직이 국정원이다. 원장이 마음만 먹으면 정권에 불리한 수사는 일정 부분 막을 수 있다. 적어도 지연시킬 수는 있다. 실제로 어떤 전임 원장은 그렇게 했다는 풍문도 떠돌고 있다. 지난(2021년) 6월 중순, 박 원장은 어느 공개행사에서 "간첩이 있는데 간첩을 잡지 않는다면 국민이 과연 용인하겠는가? 간첩이 있으면 간첩을 잡는 게 국정원"이라고 했다. 간첩 피의자들에 대한 네 곳의 압수수색이 있은 직후였다. 정보와 수사에는 문외한일지 몰라도 '정치 9단'의 박 원장이다. 손바닥으로 하늘을 가릴 수 없다고 판단했을 것이다.

압수한 지령문과 보고문에 포섭 대상으로 언급된 인물이 당원, 변호사 등 60명에 이른다고 한다. 여름이 다 가기 전, 박 원장은 수박 한통이라도 사들고 수사요원들을 격려해 주기를 권한다. 같은 강물에 발을 두 번 담그는 것은 불가능하다. 박 원장은 이미 루비콘 강을 건넜다.

스파이, 거울 속 또 하나의 자기를 가지고 있는 자

미·소 대결이 격화되면서 냉전의 긴장감이 감돌던 1948년 여름, 전향한 공산주의자 위태커 챔버스(Whittaker Chambers)가 국무부 고위관료였던 앨저 히스(Alger Hiss)를 공산주의자로 고발했다. 챔버스는 청문회에서 히스의 1930년대 개인적 일상생활을 자세히 언급하고, 히스가 1930년대 소련 간첩망 일원으로 활동했다고 증언했다.

알코올 중독 아버지에게서 학대를 받으며 불우한 어린 시절을 보낸 챔버스는 학창 시절 그리스도를 모독한 불경스러운, 대학 중퇴 동성애 전력자로 알려졌다. 땅딸막한 체구에 고집스러워 보이는 외모로 청문회에선 시종 침울한 표정으로 주절거리는 모습을 자주

보였다. 이에 비해 날씬하고 지적(知的)이며 미남이기까지 한 히스는 볼티모어의 유서 깊은 중산층 집안에서 태어났다. 존스 홉킨스 대학과 하버드 로스쿨을 졸업했고, 미래 국무부 장관에도 거론될 정도로 대중적 명성이 높았다. 스파이의 전형적 프로파일링과는 거리가 멀었다. 논리적이면서 언변이 좋은 히스는 청문회에서 챔버스를 모르는 사람이라고 부인했다.

1948년 11월, 챔버스는 마이크로필름 4통을 공개했다. 국무부 기밀문서들을 요약한 히스의 자필 메모들과 기밀문서들을 타이핑한 사본 문서들이 필름에 담겨 있었다. 히스가 챔버스를 통해 소련 간첩망의 상부선에 전달한 문서들이라고 했다. 자필 문서는 히스의 필적으로 감정되었고, 타이핑 문서들도 히스가 사용한 타자기로 작성되었다는 것이 증명되었다. 1950년 1월, 법원은 히스에게 처벌시효가 끝난 간첩죄 대신 위증죄로 5년을 선고했다. 청문회를 주도한 초선 하원의원 닉슨은 일약 스타가 되면서 반공의 기수로 주목받게 되었다.

히스가 수감생활을 하던 1950년대 전반 미국은, 공산주의자 색출 열풍으로 사회 전반에서 수많은 논란과 갈등이 야기되던 시절이었다. 교도소 밖의 히스 지지자들은 '히스가 정말 그 타자기로 타이핑을 했다면 바보가 아닌 다음에야 챔버스가 전향한 것을 안 이상 그 타자기를 없애 버렸어야 맞다'며 FBI의 조작 가능성을 주장했다. 그러나 정작 교도소 안의 히스는 불평 한마디 없이 평온했다. 자신의 운명을 담담하게 받아들이는 것처럼 보였다. 모범적 삶을 살아온 선량한 시민이 정신적으로 불안정한 고발자에 의해 정치적 희생양이 된 것으로 보였다. 동료 죄수들마저 히스를 존경했다.

수백 명이 공산주의자로 투옥되고 1만여 명이 직장을 잃었다. 사람들이 매카시즘에 극도의 피로를 느껴가던 1954년 11월, 히스는 44개월을 복역하고 출감했다. 매카시즘의 부정적 여파로 '공산주의자들이 비록 소련의 스파이로 일했다 하더라도 그들은 사회 정의를 달성하고 파시즘과 싸우려고 했던 것이다. 그들의 동기만큼은 순수했다'는 인식이 사회 일각을 흐르던 1957년, 히스는 『여론의 재판에서』라는 자서전을 출간했다. 챔버스가 제시한 문서는 자신의 것이 아닌 다른 타자기로 만들어진 위조문서라고 주장하면서 히스는 자신을 '매카시즘의 희생자'라고 포장했다.

매카시즘의 50년대를 거쳐 60년대, 70년대 미국은 다시 격동기를 맞았다. 베트남 전쟁은 자유주의자들과 대학생들이 반공주의자들을 불신하게 만들었다. '워트게이트' 사건은 평범한 대중들도 정부를 등지게 만들었다. 냉전시기에 진실이라고 믿어졌던 많은 것들에 대해 의문이 제기되었다.

진보적 저널리스트로 유명한 프레드 쿡(Fred J. Cook)은 히스를 '미국판 드레퓌스(American Dreyfus)'라고 결론지었다. 정신과의사 메이어 젤릭스(Meyer A. Zeligs)는 챔버스를 '반사회적 성격장애자,' '병적 거짓말쟁이,' '동성애자'로 진단했다. 히스는 '냉전의 순교자,' '닉슨의 희생자'가 되었고, 대학가의 단골 초청연사가 되었다. 히스의 연금을 박탈했던 법이 위헌 판결을 받으면서 밀렸던 연금도 한꺼번에 돌려받았다. 닉슨 대통령이 하야(下野)하자 메사추세츠 대법원은 히스의 변호사 자격도 회복시켜 주었다.

히스는 만나는 사람마다 동성애를 거절당한 챔버스의 복수, FBI의 타자기 위조, 보수주의자들의 무자비한 정치공세, 히스테릭한 반공주의 때문에 자신은 억울하게 희생당했다는 주장을 평생 되풀이 했다.

그러나 1989년 베를린 장벽이 무너지고 1991년 소련이 해체되면서 챔버스의 증언이 신뢰를 얻기 시작했다. 헝가리 비밀경찰의 노엘 필드 조사 기록, KGB 간부 올렉 고르디에프스키 증언, 소련 정보위원회 간부 고르스키의 메모, 국제공산당 코민테른의 비밀문서는 물론 1995년 비밀 해제된 국가안보국(NSA)의 소련 전문(電文) 감청자료에서 히스가 소련을 위해 간첩 활동을 했다는 증거들이 속속 들어나기 시작했다.

히스는 1996년, 92세로 죽는 그 순간까지 자신의 무죄를 주장했다. 히스의 아들 토니(Tony) 역시 2000년에 발간된 그의 자서전 『앨저의 창문을 통해 본 견해』에서 히스가 복역 중일 때 가족들과 주고받은 편지들을 인용, 자기 아버지를 고상하고 친절하며 온정을 가진 인물로 묘사했다.

앨저 히스(Alger Hiss)! 그에게 과연 진실은 무엇인가? 어느 전직 스파이는 간첩을 '거울 속에 또 하나의 자신을 가지고 있는 자'라고 했다.

스파이와 계급

1982년경 프랑스에서 47명의 KGB 요원이 추방되었다. 룩셈부르크와 포르투갈을 제외한 미국과 서유럽 전역에서도 100여 명의 소련 스파이들이 추방되었다. 태국과 일본, 이란에서도 다수의 소련 스파이들이 추방되었다. 결과적으로 소련체제의 붕괴로까지 이어진 스파이들의 대규모 추방 배후엔 블라디미르 베트로프(Vladimir Vetrov)란 인물이 있었다.

베트로프는 소련의 명문대학에서 공학박사 학위를 취득하고 1957년 KGB에 특채된 후 출세가도를 달렸다. 1965년에는 동방과 서방의 주요 교두보로서 모든 KGB 요원과 아내들이 선망하는 파리에 파견되었다. 꿈같은 해외 파견을 마치고 베트로프가 1970년 모스크바로 복귀했을 때 KGB의 분위기는 5년 전과 완전히 달라져 있었다. 노멘클라투라(nomenklatura)라는 당의 특권층이 KGB의 모든 고위직을 차지하고 있었다. 베트로프의 직속상관도 베트로프보다 KGB 경력도 짧고, 조직에 대한 기여도도 베트로프에 훨씬 못 미치는 인물이었지만, 당(黨) 출신이라는 이유 하나로 그 자리를 차지하고 있었다. 찬밥신세가 된 베트로프는 사무직과 한직(閑職)을 전전하게 되었고 승진은 완전히 물 건너가 버렸다. '촉망받는 인재'에서 하루아침에 '투명인간'과 '루저(loser)'로 전락했다. 자존심 강하고 야심찬 인물이었던 베트로프에겐 자기 발꿈치에도 못 따라올 인간들이 좋은 자리로 영전하고 속속 승진하는 모습을 지켜보는 것이 여간 고역이 아닐 수 없었다. 1980년 12월, 무능력한 상관과 불공정한 조직을 더 이상 참을 수 없었던 베트로프는 드디어 전향을 결심했다. 베트로프는 16개국에서 활동하던 소련 스파이 250여 명의 명단과 4,000건 이상의 기밀문서를 프랑스 정보기관 DST에 넘겼다. 한 스파이의 상처받은 자존심에서 비롯된 복수심이 조국과 조직을 붕괴로 내몬 것이다.

2012년 12월, 전직 국정원 직원 A가 국정원의 댓글활동을 민주당에 악의적으로 제보했다. 국정원장·국방부장관·경찰청장 등 안보기관 수장을 비롯한 40여 명의 안보·정보요원들이 조사를 받거나 구속되었다. A역시 베트로프 못지않게 명문대학을 졸업하고 나름 촉망받는 인재였으나 계급 정년으로 조기 퇴직한 인물이었다.

KGB 베트로프와 국정원 A는 승승장구 출세가도를 달리던 야심찬 스파이였다. 그러다 어느 순간, 본인으로선 받아들이기 어려운 이유로 두 스파이는 한직으로 밀리거나 퇴직을 당했다. 하루아침에 '촉망받는 인재'에서 '루저(loser)'로 전락한 것이다. 기밀 유출의 대의명분은 미사여구에 불과했지만 두 스파이의 상처받은 자존심에서 비롯된 복수심은 KGB와 국정원을 붕괴 직전으로 몰아 세웠다.

1943년 6월 11일, 미국 정보기관 실무자들이 일본과의 전쟁에 한인(韓人)을 활용하는 문제를 논의하는 자리였다. "한인들은 항상 지위와 계급에 집착하며 특권을 요구하기 때문에 헌신적 희생이 요구되는 공작원의 특성에 적합하지 않다." 이미 12명의 재미 한인들을 훈련시켜본 전략첩보국(Office of Strategic Service, OSS) 공작국 작전과장 호프만(Carl O. Hoffman) 대위가 토로(吐露)한 이야기는 80년이 지난 지금도 시사하는 바가 있다.

"내곡동 쪽을 향해서는 오줌도 누지 않는다."

"국정원이라는 글자만 봐도, 국정원이라는 말만 들어도 가슴이 벌렁거리고 호흡이 가빠진다.”

“퇴직한 지 5년이 넘었는데도 상처받은 자존심 때문에 아직도 이 불킥을 할 때가 있다.”

“그 인간 만나면 내가 무슨 짓을 할지 몰라 동료들 경조사엔 아예 가지 않는다.”

계급 정년에 걸려 조기 퇴직한 직원들의 울분이다.

스파이가 조국이나 조직을 배신하는 데는 여러 가지 이유가 있다. 정치적이거나 이념적인 이유도 있을 수 있고, 탐욕이나 치정(癡情), 원한 같은 개인적인 이유도 있을 수 있다. 그러나 정치적·이념적 이유는 대체로 대의명분에 가깝고, 실질적이고 직접적인 이유는 탐욕이나 치정, 원한일 경우가 많다. 그런데 이중에서도 가장 치명적인 것은 원한에 의한 배신이다. 탐욕이나 치정에 의한 배신은 자신이 원인을 제공했다는 일말의 도덕적 자각이라도 있지만, 상처받은 자존심이나 원한에 의한 배신은 국가나 조직이 나를 먼저 배신했다는 분노와 복수심이 배신자를 더욱 공격적이고 무도(無道)하게 만든다.

윤석열 정부가 들어서면서 국정원 개혁의 상징이라던 원훈석도 교체되었다. 정권이 바뀔 때마다 어김없이 되풀이되는 자연스런 현상이다. 살생부가 만들어지고 음지가 양지되고, 양지가 음지되는 일도 여전히 반복되고 있다. 내곡동이나 석운동 어디 허름한 식당 한 구석에서는 소주잔을 기울이며 절치부심 다음 대선을 노리는 직원도 있을 것이다. 그러나 어떤 경우라도 복수를 다짐할 정도로 원한을 품는 직원을 만들어선 안 된다. 윤석열 정부 임기가 채 다 끝나기도 전에 '한국판 베트로프,' '제2의 댓글 제보자'가 다시 나온다면 국정원은 이제 더는 재기 불능이다.

미치도록 그리고 죽도록 보고 싶다, 북한의 스파이 명단을!

오래 전 우연히 한 남자를 만났다. 투박한 생김새에 어눌한 말투, 온몸에서 기운이란 기운은 다 빠져 나간 듯 몹시 지쳐 보였다. 북한 공작원이라고 했다. 오길남(吳吉男)이었다. 몇 년 전 그 오길남을 소재로 「출국」이란 영화가 나왔다고 해서 영화관을 찾았다.

독일서 유학 중이던 경제학자 오영민이 교민사회에서 덕망이 높은 강문환 박사의 권유로 밀입북을 한다. 그러나 이내 자신이 속았다는 것을 안 오영민은 이문호 박사를 포섭하라는 지령을 받고 덴마크로 입국하는 도중 코펜하겐 공항에서 탈출한다. 실화는 딱 여기까지였다. 나머진 대부분 영화적 상상력이었다. 기대가 너무 큰 탓이었을까 아쉬운 마음이 앞섰다. 실화 치고는 리얼리티가 부족했고,

엔터테인먼트 치고는 재미나 감동이 적었다.

독일 유학생을 포섭해서 북한으로 데려오는 지령을 받은 오영민이 아내와 두 딸 모두 데리고 코펜하겐으로 나왔다. 무리한 설정이다. 북한의 공작 원칙상 이런 일은 절대 있을 수 없다. 극 중 오영민의 상부선이 평양 칠보산 연락소 최기철 과장으로 나온다. 그런데 칠보산 연락소는 대남 흑색방송 등 심리전을 전담하는 공작기관이지, 해외교민의 포섭이나 밀입북을 주관하는 기관은 아니다. 탄탄하지 못한 스토리 구성이 몰입도를 떨어뜨렸다.

영화적 상상력으로 구성되는 픽션이니 기왕에 엔터테인먼트적 요소를 보다 더 과감하게 표현했더라면 하는 아쉬움도 남았다. 영화 「테이큰(TAKEN)」이 떠올랐다. 인신매매 집단에 납치된 딸을 찾아 나선 전직 CIA 요원의 활극이었다. 찌르고, 쏘고, 훔치고, 폭파하고, 전기 고문까지 하는 말도 안 되는 스토리였지만 딸을 찾는 아버지의 애절한 심정과 분노에 모두 공감했다. 국내 관객만 해도 200만이 훌쩍 넘었고, 영화는 2탄 3탄까지 만들어졌다.

「출국」의 시나리오를 다시 써 보았다. 오영민의 아내와 딸은 북한으로 송환되어 요덕 정치범 수용소에 수감된다. 은밀히 북한에 잠입한 '우리의 람보' 오영민은 통쾌한 액션으로 수용소를 폭파시키고 가족들을 탈출시킨다. 다음날 국내 언론에는 오영민이 혼란을 틈타 북한 공작기관에서 입수한 한국판 '로젠홀츠 자료(Rosenholz-Dateien)'가 공개된다. 저명한 학자요 고매한 인격자로 국내외에서 명성이 높았던 강문환 박사가 북한의 문화 공작원 혐의로 수감되는 것을 시작으로 사회 곳곳에서 한 명 두 명, 친북 인사들의 위선이 벗겨지기 시작한다. 이 정도면 좀더 극적이지 않을까?

로젠홀츠 자료는 1990년 초반 베를린 장벽이 무너지면서 CIA가 정치적 혼란을 틈타 동독 정보기관 슈타지(Stasi)로부터 입수한 기밀자료다. 자료에는 '슈타지'에 협력한 해외 정보원 5만 명의 신원이 들어 있었다. 독일은 오랜 협상 끝에 2003년, 미국으로부터 현재 서독에 살고 있는 스파이들의 자료만 넘겨받을 수 있었다. 독일은 이들 중 50퍼센트 정도는 서방국가에서 활동한 슈타지 비공식 정보원임을 밝혔고, 이중 360여 명에게는 유죄를, 63명에게는 징역을 선고했다.

오길남은 자수 간첩이었다. 서울대 경제학과를 졸업하고 독일에서 유학 중 친북 교포의 꼬임에 빠져 가족과 함께 밀입북했다. 북한에 들어가자마자 자기가 속았다는 것을 알고, 밀입북 1년 만인 86년 11월 부인과 딸 둘을 북에 남겨둔 채 단신으로 탈출한 후 한국에 자수했다.

오길남은 지금 81살이다. 북한에 두고 온 부인과 두 딸을 만나기 위해 30여 년을 백방으로 애를 썼지만 아직까지도 만나지 못한 채 요양원에서 외롭게 노년을 보내고 있다. 그러나 오길남 가족의 삶을 완전히 망친 친북인사들은 남북 모두에서 여전히 세계적 음악가로, 저명한 학자로 추앙받고 있다. 피해자는 분명한데 가해자가 없다. 아! 미치도록 그리고 죽도록 보고 싶다. 북한 대남공작부서의 스파이 명단에서 그 친북 인사들의 이름 석자를!

중국의 국가안전법과 한국의 선거

2022년 3월 9일 대통령 선거에서는 개표하는 장면을 중국인이 볼 수 있을지도 모른다. 공직선거법 제174조 제2항에 개표사무원은 '공정하고 중립적인 자' 중에서 위촉한다고만 규정되어 있고 국적이나 자격을 따지는 규정이 없기 때문이다. 한국의 대통령 선거와 아무런 이해관계가 없는 중국인 유학생이 투표용지를 집계하고 봉인된 투표함과 개표기를 관리하는 것이 오히려 공정하고 중립적이라는 의견도 있다. 과연 그럴까?

해외 통일전선공작의 중요한 목적은 적대적인 모든 세력을 좌절시키기 위해 통합 가능한 모든 세력을 결속시키는 것이다. 교포사회와의 접촉을 통해 현지에서 중국 공산당에 대한 부정적 여론은 잠재우고 긍정적 견해는 퍼뜨리며 우호적 목소리는 장려한다. 현지 대학별로 '중국학생학자자치연합회'를 조직해 중국인 유학생과 학자들이 중국 공산당의 정책노선을 지지하도록 유도하고 감시한다. 현지 교포를 이용하거나 교포를 가장한 중국인이 현지 중국어 언론 매체를 인수 또는 설립해 중국에 우호적인 여론 조성에 활용한다. 현지 정치인이나 관료, 학자, 언론인들을 음성적 자금이나 이권으로 매수해 중국 관련 정책을 적극 지지하도록 만든다. 2018년 8월 미 의회 산하 미중경제안보검토위원회가 발표한 「중국의 해외 통일전선 공작」에 나오는 내용들이다.

중국의 이러한 해외 통일전선공작은 2015년 7월 개정된 중국의 국가안전법에 의해 뒷받침된다. 모든 국민과 조직은 국가안전 업무와 관련하여 국가안전기관과 공안기관, 군사기관에 필요한 지원과 협조를 제공해야 한다(77조), 모든 국민과 조직에는 홍콩과 마카오, 대만에 거주하는 중국인과 조직도 포함된다(11조). 따라서 한국에 체류하고 있는 조선족, 중국인, 중국인 유학생들이 이 법의 적용 대상이 되는 것은 논리적으로 당연하다.

그동안 한국체류 중국인과 관련된 중국의 통일전선공작은 중국 공산당의 방침이 결정되고 중국 외교부의 발표가 있으면 제일 먼저 중국 유학생이 앞장을 서고, 다음으로 조선족과 중국인들의 행동이 이어진 것으로 보인다. 6,500여 명의 중국인 유학생과 중국인이 벌인 2008년 베이징 올림픽 성화 봉송 폭력시위 당시 중국 영사관의 조직적 개입이 있었다는 의혹이 제기되었다. 2016년 촛불시위 때는 6만여 명의 중국 유학생들과 상당수 중국인들이 시위에 참여했었다는 주장도 있었다. 2020년 지방선거 때는 중국 유학생들과 조선족들이 포함된 댓글부대가 여론조작에 가담했었다는 소위 '차이나 게이트' 논란이 벌어지기도 했다.

"중국인이 개표 작업에 참여 할 수 있습니까?"
"가능합니다. 미국인도 가능하고 일본인도 가능합니다."

며칠 전 어느 방송국에서 앵커와 기자가 묻고 답하는 내용이다. 미국인도 가능하고 일본인도 가능하기 때문에 중국인이 개표에 참여한다고 해서 별다른 문제가 있을 수 없다는 인식이다. 중국에 가족이 있는 조선족이나 중국인, 그리고 중국인 유학생이 과연 한국에 있는 평범한 미국인이나 일본인과 입장이 같을 수 있을까?

5부 검사와 외교관 그리고 스파이

국정원을 진정 모사드로 만들고 싶은가?

지위고하, 남녀노소를 막론하고 대한민국에서 정보기관 개혁을 이야기할라치면 입 달린 사람치고 모사드를 거론하지 않는 사람은 없다. 모사드 추앙에는 여야의 구분도 없고, 전문가와 비전문가의 차이도 없다. 대한민국 모든 국민들이 이처럼 일구월심 국정원을 모사드로 만들고 싶어 하는데 한때 국가의 녹을 먹었던 사람으로서 그 비법을 제시하지 않을 수 없다.

첫째, 국정원을 존재하지 않는 조직으로 만들어라.

모사드는 설치목적이나 대상목표, 역할, 임무, 권한 혹은 예산을 규정한 법률이 없다. 법적으로는 존재하지 않는 조직이다. 국가의 존

립과 국민의 생존을 위해서라면 아무것도 가리지 않는다. 총리의 승인만 있으면 그물에 걸리지 않는 바람처럼 못갈 곳도 없고 못할 일도 없다. 합법과 불법, 수단과 방법은 묻지도 따지지도 않는다. 책임은 오직 단 한 사람, 총리에게만 진다.

둘째, 국정원내 엘리트 암살 조직을 만들어라.

모사드는 '코메미우트(Komemiute)'라는 작전부서 산하에 '키돈(Kidon)'이라는 특급 암살 조직을 두고 있다. 이란의 핵 과학자 파크리자데(Mohsen Fakhrizadeh)의 암살 배후에도 키돈이 있었다. 이스라엘의 언론인 로넨 버그만이 2018년 출간한 『먼저 일어나 먼저 죽여라(Rise and Kill First)』에 의하면 모사드는 최소 2,700번 이상의 암살 작전을 수행했다.

셋째, 국정원의 예산과 인력을 최소 현재의 10배로 늘려라.

2019년 기준 인구 9백 6만 6,800명, GDP 3,906억 5,600만 달러 규모의 이스라엘이 모사드에 7천여 명의 직원과 27억 3천만 달러의 예산을 쏟고 있다. 서방세계에서 CIA 다음 가는 규모다. 인구와 경제 규모로 볼 때 우리의 1/4에서 1/5에 불과한 작은 나라가 모사드에는 우리보다 최소 3배 이상 많은 역량을 투입하고 있는 셈이다.

넷째, 적극적 이민정책으로 잠재적 정보자산을 확보하라.

이스라엘은 유대인 국가로 건설되었다. 1948년 건국 이후 페르시아계 유대인, 에티오피아계 유대인, 중국계 유대인 등 전 세계에 흩어져 살던 유대인들이 이스라엘로 속속 들어왔고, 지금도 계속 들어오고 있는 중이다. 2018년 한 해 동안에도 구소련 지역에서 1만 9,000명, 서유럽에서 4,000명, 동유럽에서 146명, 미국과 캐나다에서 3,400명, 남미에서 1,644명이 들어왔다. 다양한 인종, 다양한 언어의 원어민들은 모사드의 훌륭한 잠재적 정보자산이다.

다섯째, 전략적 해외 이민정책으로 헌신적인 해외 한인협조망을 구축하라.

모사드는 세계 곳곳에 3만 5천여 명의 유대인 협조망, 사야님(Sayanim)을 구축하고 있다. 사야님은 법조인·의사·교수·경찰관·군인·공무원·정치인·언론인·연예인·운동선수·사업가 등 현지 국적 유대인들로 구성되어 있으며, 점조직으로 운용된다. 사야님은 모사드의 요청이 있을 경우 가장신분·위조문서·안전가옥·숙박·통신·차량·의료·자금·물류 등 정보활동에 필요한 다양한 편의를 제공하며, 간단한 자료수집과 미행감시 같은 기본 정보활동에도 참여한다.

여섯째, 180개국 730여 만 해외 한인들을 유대인 수준으로 결속시켜라.

'유대인이면 누구든지 유대인 사회에 도움을 청하고 도움을 받을 권리가 있다.'

'모든 유대인은 그의 형제들을 지키는 보호자이고 유대인은 모두 한 형제다.'

기원전부터 내려오는 유대인 공동체의 수칙(守則)이다. 유대인은 가계(家系)에 유대인의 '피'가 한 방울이라도 섞여 있다면 인종 국적을 불문하고 유대인으로 간주하여 생면부지의 외국인이라도 조건 없이 도와준다. 이런 형제애로 똘똘 뭉친 유대인이 전 세계 130여 개국에 800여만 명 포진해 있다.

일곱째, 경찰과는 별도로 강력한 국내 전담 보안정보기관을 신설하라.

이스라엘은 해외정보를 담당하는 모사드와 국내정보를 담당하는 신벳(Shin bet)이 정보의 양대 축을 이루고 있다. 모사드가 세계 최고 해외정보기관으로 알려져 있듯이 신벳도 세계의 가장 강력한 국내정보기관 중 하나로 평가받고 있다. 경찰에서는 불법으로 금지된 것들이 신벳에선 관행적으로 합법화된 것들이 많다. 모사드의 배후에는 강력한 신벳이 있고, 신벳의 배후에는 세계 최고의 모사드가 있다.

여덟째, 국정원의 이름 없는 별들을 영웅으로 기억하고 추모하라.

1965년 5월 18일 시리아에서 모사드 공작원 엘리 코헨이 공개 교수형에 처해졌다. 사체는 시리아의 은밀한 곳에 매장되었다. 이스라엘의 수많은 거리와 공원, 건물에 엘리 코헨의 이름이 붙여졌다. 전기, 회고록, 소설, 애니메이션, 영화가 만들어지고, 우표까지 발행되었다. '엘리 코헨 박물관,' '엘리 코헨 추모의 길,' '엘리 코헨 협회,' '엘리 코헨 웹사이트'도 만들어졌다. 엘리 코헨이 처형된 날을 전후하여 방송국은 추모 프로그램을 편성하고 신문사는 추모 기사를 게재했다.

언젠가 어느 책임 있는 정당에서 국가정보원법과 국회법의 일부 개정 법률안을 발의했다. 비공개로 진행되는 국정원 예산안 심사를 모든 국민이 알 수 있도록 공개하자는 내용이었다. 단서조항이 있다고는 해도 이스라엘 모사드가 들으면 기가 찰 노릇이다. 대한민국 국회의원들의 정보기관에 대한 인식이 딱 이 정도 수준이다. '모사드급 국정원!'은 말이나 글로 되는 게 아니다. 위의 여덟 개 조건 중 적어도 네 개 이상, 아니 단 한 개만이라도 충족시킬 자신이 없다면 국정원과 모사드를 함부로 비교하지 마라. 위선이거나 무식하거나! 둘 중 하나다.

재외동포청 신설과 천알의 모래

"어느 해변이 정보수집의 타깃이 되면, 러시아는 잠수함을 보내 한밤중에 해변의 모래를 몰래 몇 양동이 훔쳐 모스크바로 가져갈 것이다. 미국은 정찰위성을 해변으로 보내 대량의 데이터를 생산해 낼 것이다. 중국은 관광객 천 명을 해변으로 보내 각각 모래알 한 개 씩을 가져오게 할 것이다."

20여 년간 FBI에서 중국분석관으로 활동했던 폴 무어(Paul D Moore)가 밝힌 '천알의 모래(a thousand grains of sand)'라는 중국의 정보수집기법이다.

부처 눈에는 부처만 보이고 돼지 눈에는 돼지만 보인다고 했던

가! 정부가 '재외동포청' 신설을 발표했을 때 필자의 머리에 제일 먼저 떠 오른 것은 '천알의 모래'였다. 미세한 점들을 모아 명작으로 둔갑시키는 이러한 저인망식 정보수집기법은 중국의 인구학적 조건에 기반을 두고 있다. 세계 최고 14억 인구와 전 세계 곳곳에 뿌리를 내리고 있는 6,000만 화교(華僑)가 모두 중국 정보당국의 잠재적 정보자산이다.

미국만 하더라도, 2021년 현재 중국계 미국인이 540만 명이고 외국인 유학생 중 중국인 유학생이 가장 많다. 중국이 정보수집을 위해 굳이 외국인과 협력할 필요를 느끼지 않는 이유가 여기에 있다. 미국에서 중국 국가안전부(Ministry of State Security)에 의해 포섭된 사람의 98퍼센트가 중국계 미국인 등, 민족적 중국인이라는 미국 정보보안감독국(Information Security Oversight Office)의 통계 자료도 이를 뒷받침하고 있다.

2018년 8월 미 의회 산하 미중경제안보검토위원회가 발표한 「중국의 해외 통일전선공작」에도 '… 교포사회와의 접촉을 통해 현지에서 중국 공산당에 대한 부정적 여론은 잠재우고, 긍정적 견해는 퍼뜨리며, 우호적 목소리는 장려한다. 현지 대학별로 중국학생학자자치연합회를 조직해 중국인 유학생과 학자들이 중국 공산당의 정책노선을 지지하도록 유도하고 감시한다. 현지 교포를 이용하거나 교포를 가장한 중국인이 현지 중국어 언론 매체를 인수 또는 설립해 중국에 우호적인 여론 조성에 활용한다. 현지 정치인이나 관료, 학자, 언론인들을 음성적 자금이나 이권으로 매수해 중국 관련 정책을 적극 지지하도록 만든다 …'는 내용이 나온다.

중국은 자국의 교포나 교민은 물론이고 유학 중인 학생이나 학자들까지 정보활동에 활용하고 있음을 알 수 있다. 중국은 이렇게 최고로 엄청난 스케일의 인적자원으로 정보강국이 되었다.

이처럼 인적자원으로 정보강국이 된 나라에는 중국 외에 이스라엘이 있다. 1,000만 명도 채 못 되는 인구의 이스라엘이 세계 최고 정보기관 모사드(MOSSAD)를 두게 된 배경에는 사야님(Sayanim)이라는 비밀 조직과 830만 해외 유대인이 있었다. '사야님'은 히브리어로 '돕는 사람'이나 '조력자'라는 뜻으로, 세계 곳곳의 모사드 지원 네트워크를 일컫는 말이다. 모사드가 비교적 적은 인원으로도 광범위한 타깃의 정보수집을 할 수 있었던 것도 바로 '사야님'의 지원이 있었기에 가능했던 것이다.

유대인은 가계(家系)에 유대인의 '피'가 한 방울이라도 섞여 있다면 인종 국적을 불문하고 유대인으로 간주하여 생면부지의 외국인이라도 조건 없이 도와준다. 2021년 현재 전 세계 유대인은 1,520

만 명이다. 이중 690만 명이 이스라엘에 거주하고, 830만 명이 해외에 살고 있다. 해외 유대인은 미국이 600만 명으로 가장 많고, 프랑스, 캐나다, 영국, 아르헨티나가 뒤를 잇고 있으며, 중국과 우리나라에도 유대인이 살고 있다. 다양한 피부색, 다양한 언어, 다양한 국적이지만 형제애로 똘똘 뭉친 830만 명의 잠재적 정보 자산을 가진 국가가 정보강국이 되지 못한다면 오히려 그게 더 이상한 일이다.

「재외동포재단법」 제2조는 '재외동포'를 대한민국 국민으로서 외국에 장기체류하거나 외국의 영주권을 취득한 사람, 국적을 불문하고 한민족의 혈통을 지닌 사람으로서 외국에서 거주·생활하는 사람으로 정의하고 있다. 법적 민족적 개념이 모두 포함된 우리나라 재외동포는 2021년 현재 미국 263만 3,777명, 중국 235만 422명, 일본 81만 8,865명 등 193개국에 732만 5,143명이 살고 있다. 모사드를 지향하는 국정원에겐 엄청난 정보 자산임에 틀림없다.

검사와 외교관 그리고 스파이

건국 이후 2,700회 이상의 암살 작전을 수행했다. 매년 27억 3천만 달러 이상의 돈을 쓰고 있다. 그럼에도 법적으론 존재하지 않는다. 국가와 국민을 지키기 위해서라면 법도 외교관계도 거칠게 없다. 이스라엘 정보기관 모사드다.

윤석열 대통령은 대선 후보시절부터 국정원을 모사드(Mossad) 같은 수준으로 끌어올려야 한다고 강조했다. 김규현 전 국정원장도 국정원을 이스라엘 모사드처럼 개혁하고 또 개혁하겠다고 말했다.

신영복 글씨체 원훈석(院訓石)을 대공수사국 뒤편에 방치되었던 '우리는 음지에서 일하고 양지를 지향한다'는 중앙정보부 부훈

석으로 교체한다고 국정원이 절로 모사드가 되지는 않는다. 지난 정권 잘 나갔던 직원 몇 명의 살생부를 만들고, '뼈 깎기' 교육 몇 번 한다고 국정원을 모사드처럼 개혁할 수 있다고 자신해선 안 된다. 정권이 바뀔 때 마다 원훈석은 의례적으로 바뀌어왔고, 살생부와 '뼈 깎기'는 국정원에선 5년 주기, 그저 그런 연례적 레퍼토리일 뿐이다. 몇 년 뒤 정권이 바뀌면 원훈석은 다시 김일성 필체로도 바뀔 수 있고, 오늘 살생부에 오르내리는 사람이 다시 살생부를 주도할 수도 있는 곳이 국정원이다.

2017년 5월, 문재인 정부 출범 직후 민주당 진선미 의원이 국정원법 개정안을 발의했다. 연이어 천정배, 박홍근, 김병기, 노회찬, 김민기 등 민주당 의원들이 경쟁적으로 국정원법 개정안을 발의했다. 2020년 12월, 민주당 단독으로 마침내 국정원법 개정안을 통과시켰다. 박지원 전 국정원장은 국정원 개혁은 '완전하고 검증가능하며 되돌릴 수 없게 되었다'고 공언했다. 국정원의 권한과 직무는 구체적으로 하나하나 열거되었고, 법에 열거 된 행위 이외의 정보활동은 처벌을 받았다. 국정원법 전체 24개 조항의 3분의 1에 해당하는 8개 조항이 처벌 규정에 할애되었고 국정원의 활동은 무력화되었다.

윤석열 정부가 국정원을 진정 모사드식으로 개혁하길 원한다면, 현행 국정원법의 개정 검토부터 시작해야 한다. 윤석열 대통령은 이제 더 이상 검사가 아니고 조태용 국정원장도 이제 더 이상 외교관이 아니다. 법으로 해결할 수 없는 일을 하는 곳, 그곳이 바로 모사드다. 외교로 풀 수 없는 일을 하는 곳, 그곳이 바로 국정원이다. 국정원법 개정 논의 없는 국정원의 모사드식 개혁 논의는 구두선(口頭禪)이고 공염불에 불과하다.

남한의 전직 스파이가 묻고 북한의 전직 스파이가 답하다

남한의 전직 스파이들이 망명한 북한의 전직 고위급 스파이를 만났다. 여러 이야기가 오갔지만 여기서는 북한의 스파이 활동을 이해하는 데 도움이 될 만한 세 가지 정도만 소개한다. 북한의 전직 스파이가 이야기한 내용은 더하거나 빼지 않고 북한식 표현을 그대로 옮긴다.

문 : 북한사회를 어떻게 들여다 볼 것인가?
　북한사회의 가장 큰 취약성은?

사람의 사고방식은 천태만상이다. 사람을 대상할 때 개개인에게 맞는 방식으로 대응해야 하듯이 국가도 마찬가지다. 독재국가는 과거에도 있었고 지금도 존재하고 있다. 북한의 독재는 다른 나라와 어떻게 다른가? 우선 그것부터 알아야 한다. 중국도 있고 러시아도 있고 그 변종인 베트남도 있는데 북한은 이런 나라와 어떻게 다른가? 북한은 독재이지만 일반적으로 우리가 표현하는 그런 독재가 아니고 전 세계에 오직 하나뿐인 독특한 독재다. 북한은 정치적, 사법적, 감성적 모든 것을 통틀어 가지고 정치를 한다. 북한은 수령을 위해서는 눈물도 흘리고 목숨도 바치는 그런 독재다. 북한의 독재에서 가장 유별난 게 뭐냐? 세습체제에 있다. 세습체제! 중국도 공산국가지만 세습은 하지 않는다. 그래서 개혁개방이 있고 시장경제를 받아들였다.

모든 국가 정치의 본질은 국민을 잘 먹이고 잘 입히고 잘 살게 하는 것이다. 그럴 때 국가가 튼튼해진다. 그런데 북한 정치의 본질은 그게 아니다. 북한은 세계 어느 독재국가에도 없는 세습체제라는 것이 본질이다 그 어느 국가에서도 볼 수 없는 세습체제를 유지하기 위해 시장경제나 개혁개방을 받아들일 수 없는 것이다. 사상에서의 주체, 정치에서의 자주, 경제에서의 자립, 국방에서의 자위는 세습체제를 유지하기 위해 김일성이 내놓은 방침인데, 이것은 북한에서는 절대불변의 원칙이다. 이 틀에서 벗어나면 세습체제를 유지하지 못하기 때문에 김정은이 장성택을 죽였다. 지금 이 세습체제라는 것이 다른 나라 정치와 특별나게 구별되는 것이다.

북한의 취약성이라는 것은 첫째도 둘째도 셋째도 수령 제일주의다. 북한의 모든 주민들이 수령을 중심으로 수령 숭배로 가득 차있고, 자주정신, 창조정신, 자유라는 것은 하나도 없다는 것이 가장 큰 취약점이다. 북한은 김정은 하나만 없어지면 물먹은 모래성처럼 무너진다. 이것이 북한이 다른 나라와 구별되는 가장 큰 특징이고, 우리는 이것을 알고 대적투쟁에 나서야 할 것이다.

북한은 김정은 하나만 없어지면 군 사령관이 포문 하나도 열지 못한다. 자주의식이 없기 때문이다. 자율성이 없기 때문이다. 믿어지지 않죠? 그러나 내말을 믿어야 한다. 북한주민들은 수령에 충성은 하되, 수령이 없어지면 모두 머저리가 된다. 모든 시스템이 올 스톱된다. 나는 김일성이 죽었을 때도 봤고, 김정일이 죽었을 때도 봤다. 우리는 과거의 정치 방식, 과거의 대북 전략, 과거의 대북 공작에서 벗어나야 한다. 새로운 대북 전략, 새로운 대북 공작, 새로운 한미 동맹에 대한 결단이 필요하다.

문 : 대한민국이 통일을 위해 내부적 갈등 구조를 벗어나 단일대오를 구성할 수 있는 방안은?

여기 사람들은 세계의 역사, 지나온 과거에 대한 분석에 기초해서 오늘의 잣대를 잰다. 그러나 우리는 그런 분석에 반대한다. 북한은 현재 시점에서 앞을 본다. 왜 그러냐? 사람은 철학적으로 볼 때 사회적 존재이기 때문에 현재 사회의 영향을 가장 많이 받는다. 그렇기 때문에 전략도 현재 시점에 준해서 전략을 짜야 한다. 두 번째로 북한이라는 존재는 세계에서 유일무이한 독특한 독재국가다. 북한이 그런 나라라는 것을 알고서 그에 준하는 눈으로 북한을 분석해야 한다. 북한 문제 해결을 과거의 세계 역사, 과거의 어느 다른 나라, 책에 쓰여 있는 논리로 접근하면 백전백패다. 욕먹을 일이지만 내가 그대로 말하자면, 내가 북한에 있을 때 이야기를 하자면, 청와대 있는 사람들이나 정치하는 사람들이 나와서 말할 때 내내 웃는다. '저 멍청이 같은 아이들' 하고 ….

남한은 모든 면에서 북한보다 월등하다. 이론적으로 너무 잘 안다. 그러나 북한 사람들은 그런 거 모른다. 알려고도 하지 않는다. 세계 역사가 거꾸로 돌아가든 바로 나가든 알려고도 안 한다. 그런 관점으로 북한을 분석해야 한다. 지금 북한과 싸우면 남한은 북한에 지게 되어 있다. 왜냐? 첫째, 남한은 단결이 안 되어 있기 때문이다. 둘째, 조직력이 부족하다. 셋째, 사상 정신력이 약하다. 그런데 북한은 독재에 길들여져 외적인 지도에 의해 하나같이 움직인다. 그럼 누가 이기겠는가? 우리 땅에는 좌파들이 있다. 좌파는 북한에 빨대를 꼽고 80년간 생존해 온, 북한의 대남공작에 의해 만들어진 그런 집단이다. 북한이 무너지면 우리 사회에는 좌파란 존재할 수 없다.

좌파가 날뛰는 것은 북한의 힘을 믿고 날뛰는 것이다.

나는 그런 사실을 너무나 잘 알고 있다. 그렇기 때문에 북한을 대하는 데 있어 과거의 세계 역사, 과거의 어느 나라, 이런 거 필요 없다. 북한이란 나라가 도대체 어떤 나라인지 알아야 한다. 북한의 본질을 아는 게 중요하다. 그것이 중요하다.

문 : 북한 정보기관과 한국 정보기관의 역량을 비교해 보면?

정보기관의 역량을 한 마디로 말하기 어렵지만 나는 북한의 손을 들어 주겠다. 정보기관이라는 것은 본질에 있어서 범죄의 소굴이다. 정보기관의 사명은 합법적 일을 하는 것이 아니다. 국가의 이익을 위해서는 남의 것도 빼내오는 곳이다. 국가 이익을 위해서는 나쁜 일도 하는 곳이 정보기관이다. 미국 CIA도 그렇고 북한도 마찬가지다. 그런 의미에서 정보기관은 자기 목숨을 내어놓고 일을 해야된다. 정보기관이 자기 살겠다고 그냥 직업으로 일한다면 그런 정보기관은 싸움에 이길 수 없다.

북한의 정보기관에 대한 대우는 최상이다. 북한에서 핵심적으로 김정은을 지탱하고 당을 지탱하는 것은 정보기관이다. 정보기관은 김정은과 직선적으로 연결된다. 정보기관에 대해서는 조직지도부도 접근을 못한다. 정보기관은 가족들까지 모두 당에서 돌봐준다. 가족들이 설사 범죄를 저질렀다고 해도 혁명의 이익이라는 견지에서 여기 말로 사면을 해준다. 북한의 정보기관은 그런 긍지와 자부심을 가지고 정보사업을 진행하고 있다.

그런 의미에서 북한 정찰총국의 손을 들어 준 것이다. 우리는 북한에 대해 항상 평화, 평화 …, 전쟁하면 사람이 죽는다, 이런 방어적 전략만 세우고 있다. 그런데 북한은 KAL기 사건. 버마 랭군 사건, 천안함 사건도 있듯이 공격적 전략이다. 평화 시기에 이런 전략을 행하는 곳이 정보기관이다. 작전부만 해도 15개 연락소가 있는데, 무력부 저리 가라는 정도다. 김정일이가 어느 해 작전부 전투원들을 불러 격술 시범을 보이도록 시켰다. 오진우와 최광이 옆에 있었는데 "너희들 백만 군 가지고도 이 사람들 대상이 되지 않는다"고 말했다. 그만큼 정보기관을 중요시한다는 것이다.

정찰총국이 국정원보다 낫다는 것은 기술적 문제에서가 아니라 정신력에서 낫다는 것이다. 정신력에서 북한이 앞서 있다. 북한은 정보사업을 하는데 목숨을 내놓고 하는데, 그런 점에서 내가 북한의 손을 들어준 것이다.

정찰총국의 가장 큰 성과는 지금도 한 주일에 한 번씩 이메일로 남한 정보가 넘어오고 있다는 것이다. 남한에서는 그것을 해독하지 못한다. 내가 기술적으로 말할 줄 몰라서 그런데, 해독 못하게 되어 있다. 남한의 모든 출판물, 방송 신문들이 매주 통째로 들어온다. 그건 무슨 말이냐? 그만큼 여기 대남공작 요원들이 쫙 깔려있다는 것이다. 한 주일에 한 번씩 들어온다. 지도책이나 필요한 출판물들이 매주 짝짝 들어온다. 다 날아 들어온다. 내가 말하는 것은 지어내서 하는 말이 아니다.

그렇게 80년간 그 장구한 세월 북한은 0.01밀리미터도 변화 없이 남조선 해방이라는 대남공작을 착실히 변함없이 해왔다. 북한은 그 긴 시간 동안 한 번도 변화가 없었다. 세습체제에 의해 점점 더 진화되어 왔다. 그에 비해 남한은 점점 더 자유라는 쪽으로, 민주라는 쪽으로 변해왔다. 핵무력에서의 비대칭에 이어 정신사상적 무장에서의 비대칭, 이것은 우리 남한사회가 지금처럼 가면 북한에 먹힌다는 것이다.

내가 가장 불안하고 위험스럽게 생각하는 것은 남한사람들은 어제도 같고 오늘도 같고 내일도 같고, 밥도 못 먹는 사회니까, 굶어 죽는 사회니까, 원시사회니까 하며 내내 북한 흉이나 보며 지낸다는 것이다. 싸움은 잘 먹고 잘 입고 잘 산다고, 경제가 발전한다고 이기는 게 아니다. 굶주린 승냥이가 호랑이에게 이기는 것처럼. 생이 아까운 것처럼, 그래서 우리는 이 좋은 제도, 이 좋은 자유를 지키기 위해서는 사상적 변화, 북한에 맞는 전략을 가지고 대처를 해야 한다. 북한에 맞는 전략으로 북한과 대적해야 북한을 이길 수 있다. 평화나 통일은 희망한다고, 바란다고 되는 게 아니다.

추천의 글

97년 6월 안기부에 연행된 이후 나는 20일 동안 조사를 받았다. 워낙 증거가 뚜렷했기 때문에 다툴 이유는 없었다. 나는 20일 동안 안기부 직원들을 지켜봤고 생각보다 깔끔하고 젠틀하다는 생각이 들었다. 그중 한 사람이 장석광 선생이었다.

그후 20년이 넘게 지나 이제는 국정원으로 이름이 바뀐 전현직 직원들을 만나게 되었다. 시민단체 길 대표로 장석광 선생을 우연히 다시 보게 되었다. 왜 그랬는지 몰라도 나는 단번에 그를 기억했다.

다시 얼마의 시간이 흘러 나는 장선생과 거의 같은 길을 걷고 있다는 생각이 든다. 기차 레일처럼 약간의 거리를 둔 목적지가 분명한 여정 말이다. 나는 그동안 국정원 마당 한 가운데 자리잡고 있는 원훈석이 부담함을 주장하는 1인 시위도 하고 대공수사권 부활을 주장하기도 했다. 장석광 선생 또한 적극적인 문필활동을 통해 활동의 지평을 넓혀가고 있었다.

두 갈래 레일이 적당한 거리를 두고 있다면 우리가 함께 지향하는 바는 그보다 훨씬 가깝다고 생각한다. 우리는 나라를 사랑하고 사회가 잘되기를 바라는 공통의 신념을 공유하고 그에 대해 나는 장석광 선생께 빚을 지고 있다.

장석광 선생이 『스파이 내전』이라는 책을 냈다. 동서양을 넘나들며 스파이 세계를 그린 책이다. 내가 하고 싶은 이야기는 책에 담긴 세세한 스토리보다 그가 탄 열차가 사회의 공공선에 확고히 닿아 있다는 점이다.

2024년 01월 08일

민경우

시민단체 '길' 대표
전 비상대책위원
『스파이 외전(남조선 해방전쟁 프로젝트)』 저자